西北工業大學校园植物

木本篇

主编 贾仕宏

西北工業大學出版社
西安

图书在版编目（CIP）数据

西北工业大学校园植物. 木本篇 / 贾仕宏主编. 西安 ： 西北工业大学出版社， 2024. 8. -- ISBN 978-7-5612-9430-7

Ⅰ. Q948.524.1

中国国家版本馆 CIP 数据核字第 2024K12Q46 号

XIBEI GONGYE DAXUE XIAOYUAN ZHIWU:MUBEN PIAN

西 北 工 业 大 学 校 园 植 物 ： 木 本 篇

贾仕宏　主编

责任编辑：隋秀娟　马　丹　　　策划编辑：胡西洁

责任校对：曹　江　　　装帧设计：梁　卫　赵　烨　刘斌雁

出版发行：西北工业大学出版社

通信地址：西安市友谊西路 127 号　　　邮编：710072

电　　话：（029）88491757，88493844

网　　址：www.nwpup.com

印 刷 者：陕西龙山海天艺术印务有限公司

开　　本：889 毫米×1 194 毫米　　1/16

印　　张：24.625

字　　数：643 千字

版　　次：2024 年 8 月第 1 版　　2024 年 8 月第 1 次印刷

书　　号：ISBN 978-7-5612-9430-7

定　　价：168.00 元

如有印装问题请与出版社联系调换

《西北工业大学校园植物：木本篇》

编委会

策　划：邱　强　段利兵　高大力　雷　军

主　编：贾仕宏

副主编：冯如亮　李若月

编　者：李欣怡　姜　峰　尹秋龙　任敏嘉　闫　彤　付雪霞

摄　影：卢　迪

前言

西北工业大学（简称“西工大”）坐落于陕西省西安市，是一所以航空、航天、航海等领域人才培养和科学研究为特色的国家“双一流”建设高校，隶属于中华人民共和国工业和信息化部。经过80余年的建设和发展，西北工业大学正在加快建设中国特色世界一流大学和一流学科上续写新的辉煌。

西北工业大学共占地310余万平方米。校园内植物种类繁多，与建筑和谐相融。春日里，启真湖畔的美人梅竞相绽放，教学东楼两侧的玉兰与湖北紫荆相映成趣，编织出一幅繁花似锦的春日盛景。夏日里，友谊校区的二球悬铃木遮天蔽日，长安校区的七叶树郁郁葱葱，为炎炎夏日带来丝丝阴凉。深秋之际，何尊广场的红花槭绚烂如火，启真楼旁的银杏金黄满地，绘就一幅绚烂的秋日画卷。隆冬时分，南天竹红艳如火，蜡梅凌寒绽放，展现生命的顽强与坚毅，令人叹为观止。

2019年，西北工业大学生态环境学院成立，其前身为2015年成立的生态与环境保护研究中心。2020年，生态环境学院发起成立了“西北工业大学校园植物网”，隶属于中国大学植物网联盟（简称“萃葩网”）。至今，已有50余名学生参与到校园植物调查、摄影、科普等系列活动中，为该书积累了大量的基础资料。

本书共收录西北工业大学校园内常见的184种（含种下单元）木本植物，分属于53科101属。全书分为两个部分。第一部分参考《中国植物志》等资料，对每种植物及其所在科的主要生物学特性进行了描述，并提供了植物照片及观赏指南，为师生们的实地探索提供了便利。第二部分则是精选了46种代表性植物，结合诗词、实用价值等多元文化知识撰写的植物笔记，为本书增添了更多的可读性和趣味性。

感谢中国大学植物网联盟负责人赵云鹏教授等专家的指导以及西北大学刘培亮博士在植物鉴定方面的帮助。感谢西北工业大学校园植物网全体成员的付出，尤其是张昱、刘可、徐裕、李可凡等参与了部分植物调查，彭蓝、赵婷玉、李耘吉、梁泽俊、林起晟、李可凡、赵冰颖、杜瑞娟、赵子娇、陈芷玥、李思豫、卢钰如、姚凯腾等参与了植物笔记的撰写。感谢生态环境学院杨小超在出版过程中的组织沟通。感谢西北工业大学出版社胡西洁、梁卫、马丹以及隋秀娟等的精心策划与细致编校。本书的出版，得到了西工大生态环境学院、出版社、教务部和党委宣传部等部门的指导与支持，也得到了西北工业大学教材建设项目以及“双一流”经费的资助，特此致谢。

本书的植物调查和鉴定主要由贾仕宏、李若月、姜峰、李欣怡、尹秋龙等完成；卢迪为本书提供了大量精美的校园景观照片；冯如亮、李若月、李欣怡、贾仕宏等为本书提供了植物照片；冯如亮、贾仕宏主要负责植物特征和观赏指南的整理；贾仕宏、李若月、任敏嘉、闫彤、付雪霞、冯如亮参与了植物笔记撰写与修改等工作。

在编写本书的过程中，笔者参考了部分文献、资料，在此向其作者表示衷心的感谢。

由于笔者水平有限，书中难免存在疏漏和不足之处，恳请广大读者不吝赐教，提出宝贵的意见和建议。

编　者

2024年3月

目录

蔷薇科 079

鼠李科 107

榆科 111

B-992L
COMAC中国商用飞机有限责任公司

管理学院

银杏科

银杏科 Ginkgoaceae

落叶乔木，树干高大，分枝繁茂，枝分长枝与短枝。叶扇形，有长柄，具多数叉状并列细脉，在长枝上螺旋状排列散生，在短枝上成簇生状。球花单性，雌雄异株，生于短枝顶部的鳞片状叶的腋内，呈簇生状。雄球花具梗，葇荑花序状，雄蕊多数，螺旋状着生，排列较疏，具短梗。雌球花具长梗，梗端常分 2 叉，稀不分叉或分成 3~5 叉，叉顶生珠座，各具 1 枚直立胚珠。种子核果状，具长梗，下垂，外种皮肉质。

银杏科仅 1 属 1 种，系我国特产。

银杏

Ginkgo biloba

科　属：银杏科　银杏属

俗　名：鸭掌树、鸭脚子、公孙树、白果

特征描述：

乔木。叶扇形，有长柄，淡绿色，有多数叉状并列细脉，柄长 3~10 厘米，叶在一年生长枝上螺旋状散生，在短枝上 3~8 叶呈簇生状，秋季落叶前变为黄色。球花雌雄异株，单性，生于短枝顶端的叶腋内，呈簇生状。雄球花葇荑花序状，下垂；雌球花具长梗。种子具长梗，下垂，常为椭圆形，熟时黄色或橙黄色，外被白粉，有臭味。花期 3—4 月，种子 9—10 月成熟。

最佳观赏期：10—11 月

最佳观赏地：长安校区星天苑南餐厅北侧、图书馆北侧，友谊校区东图书馆

银杏

松

松科 Pinaceae

常绿或落叶乔木，稀为灌木状；枝仅有长枝，或兼有长枝与生长缓慢的短枝，短枝通常明显。叶条形或针形。条形叶扁平，在长枝上螺旋状散生，在短枝上呈簇生状；针形叶 2~5 针（稀 1 针或多至 81 针）成一束，着生于极度退化的短枝顶端，基部包有叶鞘。花单性，雌雄同株。球果直立或下垂，当年或次年稀第三年成熟，熟时张开。种鳞背腹面扁平，木质或革质，宿存或熟后脱落；苞鳞与种鳞离生（仅基部合生），较长而露出或不露出。种鳞的腹面基部有 2 粒种子。

松科共 10 属约 230 余种，我国有 10 属 113 种，西工大校园中有 5 种。

雪松

Cedrus deodara

科　属：松科　雪松属

俗　名：塔松、香柏、喜马拉雅雪松

最佳观赏期：5—6 月

最佳观赏地：长安校区银河路、友谊校区西图书馆

特征描述：

乔木。树皮深灰色，裂成不规则的鳞状块片；枝平展、微斜展或微下垂，小枝常下垂。叶在长枝上辐射伸展，短枝之叶成簇生状（每年生出新叶约 15~20 枚），针形，坚硬，淡绿色或深绿色，长 2.5~5 厘米，宽 1~1.5 毫米，常成三棱形。雄球花长卵圆形或椭圆状卵圆形，长 2~3 厘米，径约 1 厘米；雌球花卵圆形，长约 8 毫米，径约 5 毫米。球果成熟前淡绿色，微有白粉，熟时红褐色，卵圆形或宽椭圆形，长 7~12 厘米，径 5~9 厘米，顶端圆钝，有短梗；中部种鳞扇状倒三角形。种子近三角状。

云杉

Picea asperata

科　属：松科　云杉属

俗　名：白松、大果云杉、大云杉

最佳观赏期：4—5 月

最佳观赏地：长安校区启翔楼

特征描述：

乔木。树皮淡灰褐色或淡褐灰色，裂成不规则鳞片或稍厚的块片脱落。主枝之叶辐射伸展，侧枝上面之叶向上伸展，下面及两侧之叶向上方弯伸，四棱状条形，微弯曲，先端微尖或急尖，横切面四棱形，四面有气孔线。球果圆柱状矩圆形或圆柱形，成熟前绿色，熟时淡褐色或栗褐色。种子倒卵圆形，种翅淡褐色。花期 4—5 月，球果 9—10 月成熟。

华山松

Pinus armandi

科　属：松科　松属

俗　名：五叶松、青松、果松、五须松、白松

最佳观赏期：4—5 月

最佳观赏地：长安校区星天苑宿舍 G 座

特征描述：

乔木。幼树树皮灰绿色或淡灰色，平滑，老树则呈灰色，裂成方形或长方形厚块片固着于树干上，或脱落。枝条平展，形成圆锥形或柱状塔形树冠；一年生枝绿色或灰绿色，无毛，微被白粉；冬芽近圆柱形，褐色。针叶 5 针一束，稀 6~7 针一束，边缘具细锯齿，仅腹面两侧各具 4~8 条白色气孔线；叶横切面三角形，树脂道通常 3 个。球果圆锥状长卵圆形，幼时绿色，成熟时黄色或褐黄色，种鳞张开，种子脱落，果梗长 2~3 厘米。花期 4—5 月，球果第二年 9—10 月成熟。

白皮松

Pinus bungeana

科　属：松科　松属

俗　名：蟠龙松、虎皮松、白果松、三针松、白骨松、美人松

最佳观赏期：4—11 月

最佳观赏地：长安校区通慧园、星天苑 C 座，友谊校区东图书馆

特征描述：

乔木。幼树树皮光滑，灰绿色；长大后树皮呈不规则的薄块片脱落，露出淡黄绿色的新皮；老则树皮呈淡褐灰色或灰白色，裂成不规则的鳞状块片脱落。针叶 3 针一束，粗硬，叶背及腹面两侧均有气孔线。雄球花卵圆形或椭圆形。球果通常单生，成熟前淡绿色，熟时淡黄褐色。种子灰褐色，近倒卵圆形。花期 4—5 月，果期翌年 10—11 月。

油松

Pinus tabuliformis

科　属：松科　松属

俗　名：巨果油松、紫翅油松、东北黑松、短叶马尾松、红皮松、短叶松

特征描述：

针叶常绿乔木。中国特有树种，树皮灰褐色或褐灰色，裂成不规则较厚的鳞状块片。针叶 2 针一束，深绿色，粗硬，边缘有细锯齿，两面具气孔线。雄球花圆柱形，聚生于新枝下部呈穗状。球果卵形或卵圆形，成熟前绿色，熟时淡黄色或淡褐黄色，常宿存树上近数年之久。种子卵圆形或长圆卵形，淡褐色有斑纹。花期 5 月，球果第二年 10 月上、中旬成熟。

最佳观赏期：4—11 月

最佳观赏地：长安校区长安大道两侧、友谊校区西图书馆中心花园

油松

柏科

柏科 Cupressaceae

常绿乔木或灌木。叶交叉对生或 3~4 片轮生，稀螺旋状着生，鳞形或刺形，或同一树本兼有两型叶。球花单性，雌雄同株或异株，单生枝顶或叶腋。雄球花具 3~8 对交叉对生的雄蕊，每雄蕊有 2~6 花药，花粉无气囊；雌球花有 3~16 枚交叉对生或 3~4 片轮生的珠鳞，全部或部分珠鳞的腹面基部有 1 至多数直立胚珠，稀胚珠单心生于两珠鳞之间，苞鳞与珠鳞完全合生。球果圆球形、卵圆形或圆柱形。种鳞薄或厚，扁平或盾形，木质或近革质，熟时张开，或肉质合生呈浆果状，熟时不裂或仅顶端微开裂，发育种鳞有 1 至多粒种子，种子周围具窄翅或无翅，或上端有一长一短之翅。

柏科共 22 属约 150 种，我国有 8 属 29 种，西工大校园中有 7 种。

水杉

Metasequoia glyptostroboides

科　属：柏科　水杉属

最佳观赏期：10—11 月

最佳观赏地：友谊校区航空楼、长安校区启翔湖北侧

特征描述：

落叶乔木。树干基部常膨大；树皮灰色、灰褐色或暗灰色。叶条形，羽状，沿中脉有两条较边带稍宽的淡黄色气孔带，冬季与枝一同脱落。球果下垂，近四棱状球形或矩圆状球形，成熟前绿色，熟时深褐色。种子扁平，倒卵形，周围有翅，先端有凹缺。花期 2 月下旬，球果 11 月成熟。

柳杉

Cryptomeria japonica var. *sinensis*

科　属：柏科　柳杉属

俗　名：长叶孔雀松

最佳观赏期：4—10 月

最佳观赏地：友谊校区公字楼前

特征描述：

该种为我国特有树种。乔木。树皮红棕色，纤维状，裂成长条片脱落。叶钻形略向内弯曲，长 1~1.5 厘米。雄球花单生叶腋，长椭圆形，长约 7 毫米，集生于小枝上部，成短穗状花序状；雌球花顶生于短枝上。球果圆球形或扁球形，多为 1.5~1.8 厘米；种鳞 20 左右，上部有 4~5（很少 6~7）短三角形裂齿，能育的种鳞有 2 粒种子；种子褐色，近椭圆形，扁平，长 4~6.5 毫米，宽 2~3.5 毫米，边缘有窄翅。花期 4 月，球果 10 月成熟。

侧柏

Platycladus orientalis

科　属：柏科　侧柏属

俗　名：香柯树、香树、扁桧、香柏、黄柏

最佳观赏期：3—4 月，10 月

最佳观赏地：长安校区 ARJ21 飞机旁

特征描述：

乔木。树皮浅灰褐色，纵裂成条片；枝条向上伸展或斜展，生鳞叶的小枝细，扁平，排成一平面。叶鳞形，先端微钝。雄球花黄色，卵圆形；雌球花近球形，蓝绿色。球果近卵圆形，成熟前近肉质，蓝绿色，被白粉，成熟后木质，开裂，红褐色。种子卵圆形或近椭圆形，灰褐色或紫褐色，无翅或有极窄之翅。花期 3—4 月，球果 10 月成熟。

圆柏

Juniperus chinensis

科　属：柏科　刺柏属

俗　名：珍珠柏、红心柏、刺柏、桧、桧柏

最佳观赏期：全年

最佳观赏地：友谊校区西图书馆中心花园

特征描述：

常绿乔木。树皮深灰色，纵裂，成条片开裂。叶二型，即刺叶及鳞叶，刺叶生于幼树之上，老龄树则全为鳞叶，壮龄树兼有刺叶与鳞叶；刺叶三叶轮生或交互对生。雌雄异株，稀同株，雄球花黄色，椭圆形，雄蕊 5~7 对，常有 3~4 花药。球果近圆球形，两年成熟，熟时暗褐色，被白粉或白粉脱落；种子卵圆形。

圆柏在友谊校区、长安校区均有分布，其中以友谊校区的圆柏观赏价值最高，其造型独特，色彩深绿，颇有古朴典雅之韵。

金叶桧

Juniperus chinensis cv. 'Aurea'

科　属：柏科　刺柏属

俗　名：金龙柏、洒金柏、洒金桧

最佳观赏期：全年

最佳观赏地：长安校区长江路与泰山路交叉口

特征描述：

该种为圆柏的栽培变种。直立灌木，窄圆锥状树冠，鳞形叶，顶端小枝叶全为金黄色，覆盖全株。鳞叶初为深金黄色，后渐变为绿色。

铺地柏

Juniperus procumbens

科　属：柏科　刺柏属

俗　名：偃柏、矮桧、匍地柏

最佳观赏期：6—10 月

最佳观赏地：长安校区静悟园

特征描述：

匍匐灌木。枝条延地面扩展，褐色，密生小枝，枝梢及小枝向上斜展。刺形叶三叶交叉轮生，条状披针形，先端渐尖成角质锐尖头，长 6~8 毫米，上面凹，有两条白粉气孔带，气孔带常在上部汇合，绿色中脉仅下部明显，不达叶之先端，下面凸起，蓝绿色，沿中脉有细纵槽。球果近球形，被白粉，成熟时黑色，径 8~9 毫米，有 2~3 粒种子；种子长约 4 毫米，有棱脊。

铺地柏

刺柏

Juniperus formosana

科　属：柏科　刺柏属

俗　名：台湾柏、刺松、矮柏木、山杉、台桧、山刺柏

特征描述：

该种为我国特有树种。乔木。树皮褐色，纵裂成长条薄片脱落。枝条斜展或直展，树冠塔形或圆柱形。叶三叶轮生，条状披针形或条状刺形，长 1.2~2 厘米，绿色，两侧各有 1 条白色、很少紫色或淡绿色的气孔带，在叶的先端汇合为 1 条。雄球花圆球形或椭圆形，长 4~6 毫米。球果近球形或宽卵圆形，长 6~10 毫米，熟时淡红褐色，被白粉或白粉脱落，间或顶部微张开；种子半月圆形，具 3~4 棱脊，顶端尖。

最佳观赏期：全年

最佳观赏地：友谊校区公字楼前

刺柏

红豆杉科
红豆杉

红豆杉科 Taxaceae

常绿乔木或灌木。叶条形或披针形，螺旋状排列或交叉对生，上面中脉明显、微明显或不明显。球花单性，雌雄异株，稀同株。雄球花单生叶腋或苞腋，或组成穗状花序集生于枝顶，雄蕊多数；雌球花单生或成对生于叶腋或苞片腋部，有梗或无梗，基部具多数覆瓦状排列或交叉对生的苞片，胚珠 1 枚，直立，生于花轴顶端或侧生于短轴顶端的苞腋，基部具辐射对称的盘状或漏斗状珠托。种子核果状，无梗则全部为肉质假种皮所包，如具长梗则种子包于囊状肉质假种皮中，其顶端尖头露出；或种子坚果状，包于杯状肉质假种皮中；子叶 2 枚。

我国有 4 属 12 种 1 变种及 1 栽培种，西工大校园中仅有 1 种。

红豆杉

Taxus wallichiana var. *chinensis*

科　属：红豆杉科　红豆杉属

俗　名：观音杉、红豆树

特征描述：

红豆杉为我国特有树种。乔木。树皮灰褐色、红褐色或暗褐色，裂成条片脱落。一年生枝绿色或淡黄绿色，二、三年生枝黄褐色、淡红褐色或灰褐色，冬芽黄褐色、淡褐色或红褐色。叶排列成两列，条形，微弯或较直，长 1~3（多为 1.5~2.2）厘米，叶下面淡黄绿色，有两条气孔带。雄球花淡黄色，雄蕊 8~14 枚。种子生于杯状红色肉质的假种皮中，常呈卵圆形，上部渐窄，稀倒卵状，径 3.5~5 毫米，微扁或圆，上部常具二钝棱脊，种脐近圆形或宽椭圆形，稀三角状圆形。

最佳观赏期：6—10 月

最佳观赏地：长安校区通慧园、友谊校区西图书馆中心花园

红豆杉

木兰辞

木兰科 Magnoliaceae

木本。叶互生、簇生或近轮生，单叶不分裂，罕分裂。花顶生、腋生、罕成为 2~3 朵的聚伞花序。花被片通常花瓣状，雄蕊多数，子房上位，心皮多数，离生，罕合生，虫媒传粉，胚珠着生于腹缝线，胚小、胚乳丰富。

木兰科有 18 属约 335 种，我国有 14 属约 165 种，主要分布于我国东南部至西南部，渐向东北及西北而渐少。西工大校园中有 6 种。

荷花木兰

Magnolia grandiflora

科　属：木兰科　北美木兰属

俗　名：广玉兰、洋玉兰、荷花玉兰

最佳观赏期：5—6 月

最佳观赏地：长安校区何尊广场、星天苑 G 座北侧

特征描述：

常绿乔木。树皮淡褐色或灰色，薄鳞片状开裂。叶厚革质，椭圆形，长圆状椭圆形或倒卵状椭圆形，叶面深绿色，有光泽。花白色，有芳香；花被片 9~12，厚肉质，倒卵形；花丝扁平，紫色，花药内向；花柱呈卷曲状。聚合果圆柱状长圆形或卵圆形，密被褐色或淡灰黄色绒毛；种子近卵圆形或卵形。花期 5—6 月，果期 9—10 月。

二乔玉兰

Yulania × soulangeana

科　属：木兰科　玉兰属

俗　名：二乔木兰

最佳观赏期：3—4 月

最佳观赏地：长安校区教学东楼 B 座、星天苑南餐厅

特征描述：

玉兰和紫玉兰的杂交种。落叶小乔木。小枝无毛。叶片互生，叶纸质，倒卵形，先端短急尖，2/3 以下渐狭成楔形，叶柄长 1~1.5 厘米，被柔毛，托叶痕约为叶柄长的 1/3。花蕾卵圆形，花先叶开放，浅红色至深红色，花被片 6~9，外轮 3 片花被片常较短，约为内轮长的 2/3。种子深褐色，宽倒卵形或倒卵圆形，侧扁。花期 2—3 月，果期 9—10 月。

玉兰

Yulania denudata

科　属：木兰科　玉兰属

俗　名：应春花、白玉兰、玉堂春、木兰

最佳观赏期：3 月

最佳观赏地：长安校区教学东楼、星天苑南餐厅，友谊校区东图书馆

特征描述：

落叶乔木。树皮深灰色，粗糙开裂。叶纸质，椭圆形，侧脉每边 8~10 条。叶柄长 1~2.5 厘米，被柔毛。花先叶开放，直立，芳香；花梗显著膨大，密被淡黄色长绢毛；花被片 9 片，白色，基部常带粉红色，长圆状倒卵形；雄蕊长 7~12 毫米，雌蕊群淡绿色，无毛。聚合果圆柱形；蓇葖厚木质，褐色，具白色皮孔；种子心形，外种皮红色，内种皮黑色。

飞黄玉兰

Yulania denudata 'Fei Huang'

科　属：木兰科　玉兰属

最佳观赏期：3 月—4 月上旬

最佳观赏地：长安校区桃李园南侧山坡（靠近校车乘车点）

特征描述：

落叶乔木。幼枝粗壮，淡黄绿色，密被短柔毛；1 年生枝粗壮，棕褐色，具光泽，无毛，或宿存极少短柔毛。单花具花被片 9~12 枚，稀 7 枚，黄色至淡黄色，厚肉质，椭圆状匙形，长 4.5~8.5 厘米，先端钝圆，雄蕊多数，淡粉红色。聚生蓇葖果圆柱状。花期 3—4 月。

鹅掌楸

紫玉兰

Yulania liliiflora

科　属：木兰科　玉兰属

俗　名：木笔、辛夷

最佳观赏期：3—4 月

最佳观赏地：长安校区静悟园

特征描述：

落叶灌木。常丛生，树皮灰褐色，小枝绿紫色或淡褐紫色。叶倒卵形。花蕾卵圆形，被淡黄色绢毛；花叶同时开放，瓶形，直立于粗壮、被毛的花梗上，稍有香气；花被片 9~12，外轮 3 片萼片状，紫绿色，常早落，内两轮肉质，外面紫色或紫红色，内面带白色；雄蕊紫红色，雌蕊群长约 1.5 厘米，淡紫色，无毛。聚合果深紫褐色，圆柱形。花期 3—4 月，果期 8—9 月。

鹅掌楸

Liriodendron chinense

科　属：木兰科　鹅掌楸属

俗　名：马褂木

最佳观赏期：5—10 月

最佳观赏地：友谊校区管理学院、长安校区星天苑 G 座

特征描述：

乔木。小枝灰色或灰褐色。叶马褂状，近基部每边具 1 侧裂片。花杯状，花被片 9，外轮 3 片绿色，萼片状，向外弯垂，内两轮 6 片、直立；花瓣状，倒卵形，绿色，具黄色纵条纹；花期时雌蕊群超出花被之上，心皮黄绿色。聚合果长 7~9 厘米，顶端钝或钝尖。花期 5 月，果期 9—10 月。

蜡梅科

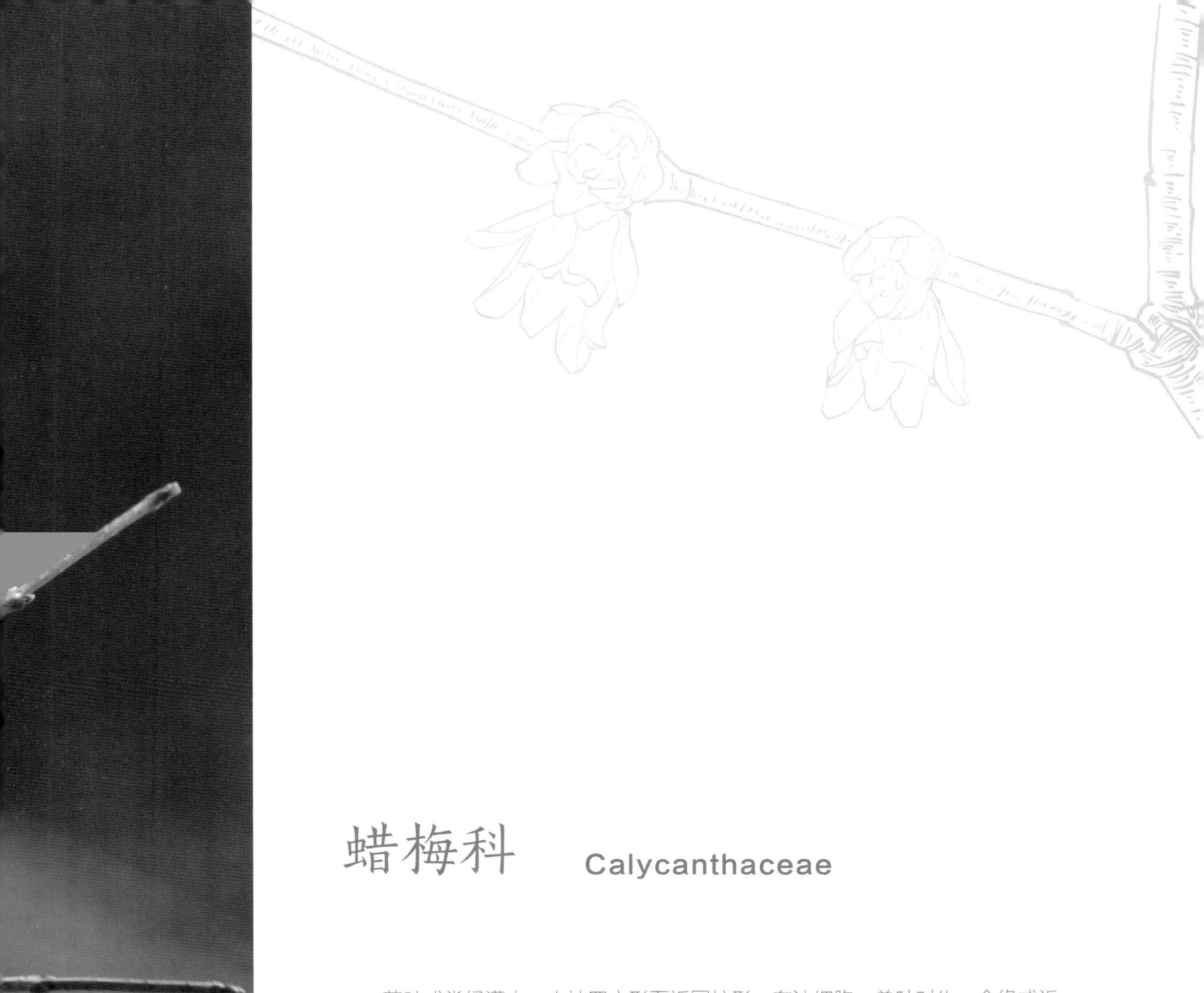

蜡梅科 Calycanthaceae

落叶或常绿灌木。小枝四方形至近圆柱形；有油细胞。单叶对生，全缘或近全缘；羽状脉；有叶柄；无托叶。花两性，辐射对称，单生于侧枝的顶端或腋生，通常芳香，黄色、黄白色、褐红色或粉红白色，先叶开放；花梗短；花被片多数，发育的雄蕊 5~30 枚。聚合瘦果着生于坛状的果托之中，瘦果内有种子 1 颗。

蜡梅科有 2 属 7 种，我国有 2 属 4 种，西工大校园中仅有 1 种。

蜡梅

Chimonathus praecox

科　属：蜡梅科　蜡梅属

俗　名：大叶蜡梅、狗矢蜡梅、狗蝇梅、腊梅、磬口蜡梅、黄梅花

特征描述：

落叶灌木。幼枝四方形，老枝近圆柱形，灰褐色。叶纸质至近革质，卵圆形或长圆状披针形，长 5~25 厘米，顶端急尖至渐尖。花着生于第二年生枝条叶腋内，先花后叶，芳香；花被片圆形，无毛，内部花被片比外部花被片短；雄蕊长 4 毫米；花柱长达子房 3 倍。果托近木质化，坛状或倒卵状椭圆形，长 2~5 厘米，并具有钻状披针形的被毛附生物。花期 11 月—翌年 3 月，果期 4—11 月。

最佳观赏期：11 月—翌年 3 月

最佳观赏地：长安校区启真湖、友谊校区西图书馆中心花园

蜡梅

天门冬科

天门冬科 Asparagaceae

多年生草本，有时为乔木状或灌木状。具鳞茎、球茎或根状茎。总状、穗状、圆锥或聚伞花序，若为伞形花序则地下茎为球茎且无葱蒜气味，可与石蒜科区别；花被片 6，稀为 4，离生或不同程度合生；雄蕊 6，稀为 4 或 3；子房上位，稀为下位（如龙舌兰族），3 室，中轴胎座。蒴果或浆果。

天门冬科约 114 属 2 900 余种，我国有 25 属 250 余种，西工大校园中仅有 1 种木本植物。

凤尾丝兰

Yucca gloriosa

科　属：天门冬科　丝兰属

俗　名：凤尾兰、剑麻

特征描述：

常绿灌木。茎短，常分枝。叶线状披针形，长 40~80 厘米，宽 4~6 厘米，先端长渐尖，坚硬刺状，全缘，稀具分离的纤维。圆锥花序高 1~1.5 米，常无毛；花下垂，白或淡黄白色，顶端常带紫红色，花被片 6，卵状菱形，长 4~5.5 厘米，宽 1.5~2 厘米；柱头 3 裂。果倒卵状长圆形，长 5~6 厘米，不裂。花期 9—10 月。

最佳观赏期：9—10 月

最佳观赏地：长安校区启真湖

凤尾丝兰

棕榈科

棕榈科 Arecaceae

灌木、藤本或乔木，茎通常不分枝，单生或几丛生，表面平滑或粗糙，或有刺，稀被短柔毛。叶互生，羽状或掌状分裂，稀为全缘或近全缘；叶柄基部通常扩大成具纤维的鞘。花小，单性或两性，雌雄同株或异株，有时杂性，组成分枝或不分枝的佛焰花序（或肉穗花序），花序通常大型多分枝，被一个或多个鞘状或管状的佛焰苞所包围。果实为核果或硬浆果，果皮光滑或有毛、有刺、粗糙或被以覆瓦状鳞片。种子通常 1 个，有时 2~3 个，多者 10 个，与外果皮分离或粘合。

棕榈科约 210 属 2 800 种，我国约有 28 属 100 余种，西工大校园中仅有 1 种。

棕榈

Trachycarpus fortunei

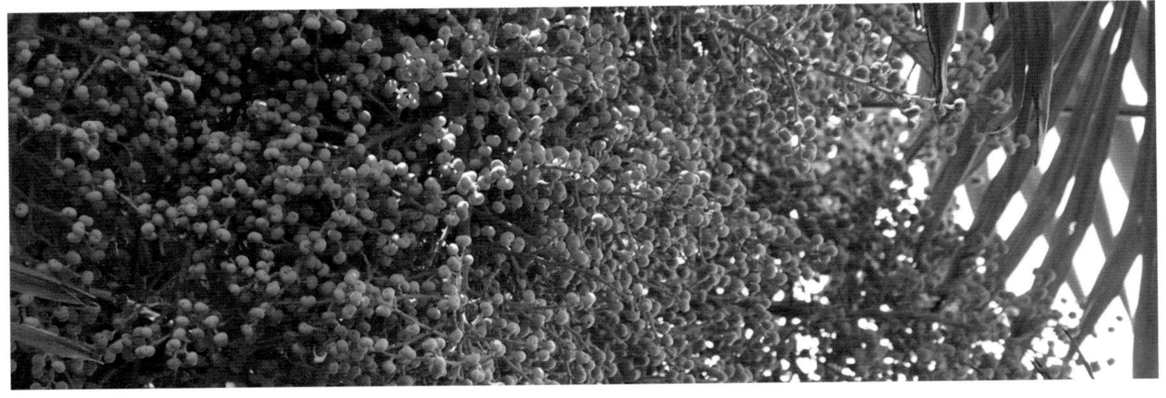

科　属：棕榈科　棕榈属

俗　名：棕树

特征描述：

乔木状。树干圆柱形，被不易脱落的老叶柄基部和密集的网状纤维。叶片呈 3/4 圆形或者近圆形，深裂成 30~50 片具皱折的线状剑形裂片；叶柄长 75~80 厘米或更长。花序粗壮，通常是雌雄异株。雄花序长约 40 厘米，具有 2~3 个分枝花序；雌花序长 80~90 厘米，花序梗长约 40 厘米，其上有 3 个佛焰苞包着，具 4~5 个圆锥状的分枝花序，下部的分枝花序长约 35 厘米，2~3 回分枝；雌花淡绿色，通常 2~3 朵聚生。果实阔肾形，成熟时由黄色变为淡蓝色，有白粉。花期 4 月，果期 12 月。

最佳观赏期：全年

最佳观赏地：长安校区北门、友谊校区三航路

棕榈

小檗科

小檗科 Berberidaceae

灌木或多年生草本，稀小乔木，常绿或落叶，有时具根状茎或块茎。茎具刺或无。叶互生，稀对生或基生，单叶或 1~3 回羽状复叶；叶脉羽状或掌状。花序顶生或腋生，花单生，簇生或组成总状花序，穗状花序，伞形花序，聚伞花序或圆锥花序；花具花梗或无；花两性，辐射对称，花被通常 3 基数；萼片 6~9，常花瓣状，离生，2~3 轮；花瓣 6，扁平。浆果、蒴果、蓇葖果或瘦果。种子 1 至多数，有时具假种皮。

小檗科有 17 属约 650 种，我国有 11 属约 320 种，西工大校园中有 4 种木本植物。

南天竹

Nandina domestica

科　属：小檗科　南天竹属

俗　名：蓝田竹、红天竺

最佳观赏期：11月—翌年3月

最佳观赏地：长安校区通慧园

特征描述：

常绿小灌木。幼枝常为红色，老后呈灰色。叶互生，三回羽状复叶，二至三回羽片对生；小叶薄革质，椭圆形或椭圆状披针形，顶端渐尖，基部楔形，全缘，上面深绿色，冬季变红色。圆锥花序直立；花小，白色，具芳香；花瓣长圆形；雄蕊6，花丝短，花药纵裂。浆果球形，熟时鲜红色，稀橙红色。种子扁圆形。花期3—6月，果期5—11月。

日本小檗

Berberis thunbergii

科　属：小檗科　小檗属

最佳观赏期：4—10月

最佳观赏地：长安校区静悟园西侧

特征描述：

本种原产日本。落叶灌木。枝条开展，具细条棱，幼枝淡红带绿色，无毛，老枝暗红色。叶薄纸质，倒卵形、匙形或菱状卵形，全缘，上面绿色，背面灰绿色，中脉微隆起，两面网脉不显，无毛；叶柄长2~8毫米。花2~5朵组成具总梗的伞形花序，或近簇生的伞形花序或无总梗而呈簇生状；花黄色；外萼片卵状椭圆形，先端近钝形，带红色。浆果椭圆形，直径约4毫米，亮鲜红色，无宿存花柱。种子1~2枚，棕褐色。花期4—6月，果期7—10月。

紫叶小檗

Berberis thunbergii 'Atropurpurea'

科　属：小檗科　小檗属

俗　名：紫叶女贞、紫叶日本小檗、红叶小檗

最佳观赏期：4—10 月

最佳观赏地：长安校区桃李园

特征描述：

日本小檗的变种。落叶灌木。叶菱状卵形，紫红色。花 2~5 朵成具短总梗并近簇生的伞形花序，或无总梗而呈簇生状，花梗长 5~15 毫米，花被黄色；小苞片带红色，长约 2 毫米，急尖；外轮萼片卵形，长 4~5 毫米，内轮萼片稍大于外轮萼片；花瓣长圆状倒卵形，长 5.5~6 毫米，先端微缺；雄蕊长 3~3.5 毫米。浆果红色，椭圆体形，长约 10 毫米，含种子 1~2 颗。

十大功劳

Mahonia fortunei

科　属：小檗科　十大功劳属

俗　名：细叶十大功劳

最佳观赏期：7—11 月

最佳观赏地：长安校区翱翔学生中心

特征描述：

灌木。叶倒卵形至倒卵状披针形，具 2~5 对小叶，上面暗绿至深绿色，背面淡黄色，偶稍苍白色；小叶无柄或近无柄，狭披针形至狭椭圆形，边缘每边具 5~10 刺齿。总状花序 4~10 个簇生，花黄色，花瓣长圆形。浆果球形，紫黑色，被白粉。花期 7—9 月，果期 9—11 月。

全段禁停
大学文化遗产研究院
青年学者论坛

悬铃木科

悬铃木科 Platanaceae

落叶乔木。枝叶被树枝状及星状绒毛，树皮苍白色，薄片状剥落，表面平滑。叶互生，大形单叶，有长柄，具掌状脉，掌状分裂，偶有羽状脉而全缘，具短柄，边缘有裂片状粗齿。花单性，雌雄同株，排成紧密球形的头状花序，雌雄花序同形，生于不同的花枝上，雄花头状花序无苞片，雌花头状花序有苞片；花瓣与萼片同数，倒披针形。果为聚合果，由多数狭长倒锥形的小坚果组成，基部围以长毛，每个坚果有种子 1 个；种子线形。

悬铃木科有 1 属约 11 种，我国暂未发现野生种，南北各地有栽培，西工大校园中有 2 种。

一球悬铃木

Platanus occidentalis

科　属：悬铃木科　悬铃木属

俗　名：美国梧桐

最佳观赏期：全年

最佳观赏地：长安校区实验大楼

特征描述：

落叶大乔木。树皮有浅沟，呈小块状剥落。叶大、阔卵形，通常 3 浅裂，稀为 5 浅裂，长度比宽度略小；基部截形，阔心形，或稍呈楔形；裂片短三角形，宽度远较长度为大，边缘有数个粗大锯齿。花通常 4~6 数，单性，聚成圆球形头状花序。头状果序圆球形，单生，稀为 2 个，宿存花柱极短。花期 3—5 月，果期 6—10 月。

二球悬铃木

Platanus × acerifolia

科　属：悬铃木科　悬铃木属

俗　名：英国梧桐

最佳观赏期：全年

最佳观赏地：友谊校区三航路、长安校区翱翔体育馆西侧

特征描述：

本种是三球悬铃木 *P. orientalis* 与一球悬铃木 *P. occidentalis* 的杂交种。落叶大乔木。树皮光滑，大片块状脱落。嫩枝密生灰黄色绒毛；老枝秃净，红褐色。叶阔卵形；基部截形或微心形，上部掌状 5 裂，有时 7 裂或 3 裂；中央裂片阔三角形，宽度与长度约相等；裂片全缘或有 1~2 个粗大锯齿；掌状脉 3 条，稀为 5 条；叶柄长 3~10 厘米，密生黄褐色毛被。花通常 4 数。果枝有头状果序 1~2 个，稀为 3 个，常下垂；头状果序直径约 2.5 厘米，宿存花柱长 2~3 毫米，刺状，坚果之间无突出的绒毛或有极短的毛。

二球悬铃木

黄杨科

黄杨科 Buxaceae

常绿灌木、小乔木或草本。单叶，互生或对生，全缘或有齿，羽状脉或离基三出脉，无托叶。花小，整齐，无花瓣；单性，雌雄同株或异株；花序总状或密集的穗状，有苞片；雄花萼片 4，雌花萼片 6，均二轮，雄蕊 4，与萼片对生，分离，花药大，2 室；雌蕊通常由 3 心皮组成，花柱 3，常分离，宿存。果实为室背裂开的蒴果或肉质的核果状果。种子黑色、光亮，胚乳肉质，胚直，有扁薄或肥厚的子叶。

黄杨科有 4 属约 100 种，我国有 3 属约 27 种，西工大校园中有 1 种木本植物。

黄杨

Buxus sinica

科　属：黄杨科　黄杨属

俗　名：瓜子黄杨、黄杨木

特征描述：

灌木或小乔木。枝圆柱形，有纵棱，小枝四棱形。叶革质，阔椭圆形或长圆形，先端圆或钝，带有小凹口，叶面光亮，中脉凸出，侧脉明显，叶背无侧脉，叶柄长 1~2 毫米，上面被毛。花序腋生，头状，花密集，花序轴长 3~4 毫米，被毛。蒴果近球形，长 6~8 毫米。花期 3 月，果期 5—6 月。

最佳观赏期：5—6 月

最佳观赏地：长安校区静悟园

黄杨

芍药科

芍药科 Paeoniaceae

灌木、亚灌木或多年生草本。根圆柱形或呈纺锤形块根。当年生分枝基部或茎基部具数枚鳞片。叶常为二回三出复叶，小叶片不裂而全缘或分裂，裂片常全缘。果实为蓇葖沿腹缝开裂。种子数枚，黑或深褐色，光滑无毛。

芍药科有 1 属约 35 种，我国有 1 属 11 种，西工大校园中有 2 种木本植物。

牡丹

Paeonia × suffruticosa

科　属：芍药科　芍药属

俗　名：木芍药、百雨金、洛阳花、富贵花

最佳观赏期：5—6 月

最佳观赏地：长安校区通慧园、友谊校区公字楼

特征描述：

多年生落叶灌木。叶通常为二回三出复叶，表面绿色，无毛，背面淡绿色，有时具白粉。花单生枝顶，苞片 5，长椭圆形；萼片 5，绿色，宽卵形；花瓣 5，或为重瓣，玫瑰色、红紫色、粉红色至白色，通常变异很大，倒卵形，顶端呈不规则的波状；花药长圆形；花盘革质，杯状，紫红色。蓇葖长圆形，密生黄褐色硬毛。花期 5 月，果期 6 月。

杨山牡丹

Paeonia ostii

科　属：芍药科　芍药属

俗　名：牡丹、凤丹

最佳观赏期：5—6 月

最佳观赏地：长安校区静悟园、教学西楼 D 座

特征描述：

落叶灌木。茎皮褐灰色，有纵纹，一年生枝黄绿色。叶为二回羽状复叶，小叶多至 15；小叶窄卵形或卵状披针形，长 5~15 厘米，宽 2~5 厘米，基部楔形或圆，两面无毛，顶生小叶通常 3 裂，侧生小叶多数全缘，少 2 裂。花单生枝顶，单瓣，花瓣 9~11，白色或下部带粉色，倒卵形，长 5~6.5 厘米，宽 3.5~5 厘米；雄蕊多数，花药黄色；花丝紫红色；心皮 5，密被黄白色绒毛；柱头紫红色。蓇葖果圆柱形，长 2~3.3 厘米；种子黑色，有光泽。花期 5 月，果期 6—7 月。

杨山牡丹

金锈杨梅

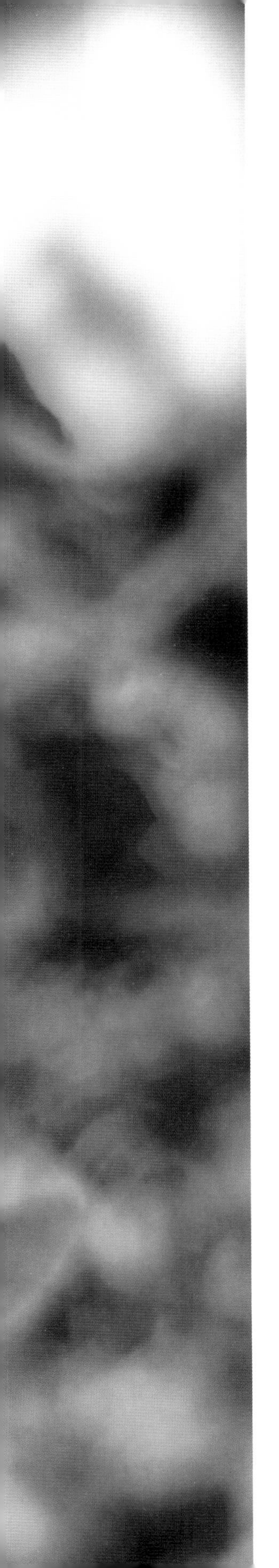

金缕梅科 Hamamelidaceae

常绿或落叶乔木和灌木。叶互生，很少对生，全缘或有锯齿，或为掌状分裂，具羽状脉或掌状脉；通常有明显的叶柄。花排成头状花序、穗状花序或总状花序，两性，或单性而雌雄同株，稀雌雄异株，有时杂性；雄蕊 4~5 数，或更多；花柱 2。果为蒴果，常室间及室背裂开为 4 片；种子多数，常为多角形，扁平或有窄翅，或单独而呈椭圆卵形，并有明显的种脐。

金缕梅科有 27 属约 140 种，我国有 17 属 75 种，西工大校园中有 1 种。

红花檵木

Loropetalum chinense var. *rubrum*

科　属：金缕梅科　檵木属

俗　名：红檵花、红桎木、红檵木、红花桎木、红花继木

特征描述：

该种为檵木的变种。常绿灌木或小乔木。树皮暗灰或浅灰褐色，多分枝。叶革质互生，卵圆形或椭圆形，叶面暗红色，背部偏灰。花 3~8 朵簇生在总梗上，呈顶生头状花序；花瓣 4 枚，紫红色，线形。蒴果褐色，近卵形。花期 4—5 月，果期 8 月。

最佳观赏期：4—5 月

最佳观赏地：长安校区星天苑 C、E 座，教学西楼 D 座

红花檵木

葡萄科

葡萄科 Vitaceae

攀援木质藤本，稀草质藤本，具有卷须，或直立灌木，无卷须。单叶、羽状或掌状复叶，互生。花小，两性或杂性同株或异株，排列成伞房状多歧聚伞花序、复二歧聚伞花序或圆锥状多歧聚伞花序；花瓣与萼片同数，雄蕊与花瓣对生，在两性花中雄蕊发育良好，在单性花雌花中雄蕊常较小或极不发达，败育；花盘呈环状或分裂，稀极不明显。果实为浆果，有种子 1 至数颗。

葡萄科有 16 属约 700 余种，我国有 9 属 150 余种，西工大校园中有 1 种。

葡萄

Vitis vinifera

科　属：葡萄科　葡萄属

俗　名：全球红

特征描述：

木质藤本。小枝圆柱形，有纵棱纹，无毛或被稀疏柔毛；卷须2叉分枝，每隔2节间断与叶对生。叶卵圆形，显著3~5浅裂或中裂，长7~18厘米，宽6~16厘米。圆锥花序密集或疏散，多花，与叶对生，长10~20厘米，花序梗长2~4厘米；花瓣5，呈帽状粘合脱落；雄蕊5，花药黄色；雌蕊1，在雄花中完全退化。果实球形或椭圆形。花期4—5月，果期8—9月。

最佳观赏期：6—9月

最佳观赏地：长安校区静悟园

葡萄

豆科

豆科 Leguminosae

乔木、灌木、亚灌木或草本，直立或攀援，常有能固氮的根瘤。叶常绿或落叶，通常互生，常为一回或二回羽状复叶，少数为掌状复叶或 3 小叶、单小叶，或单叶，罕可变为叶状柄，叶具叶柄或无；托叶有或无，有时叶状或变为棘刺。花两性，稀单性，辐射对称或两侧对称，通常排成总状花序、聚伞花序、穗状花序、头状花序或圆锥花序；花被 2 轮；萼片 3~5(6)，花瓣 0~5(6)；花柱和柱头单一，顶生。果为荚果，形状种种，成熟后沿缝线开裂或不裂，或断裂成含单粒种子的荚节；种子通常具革质或有时膜质的种皮。

豆科约 650 属 18 000 种，我国有 172 属 1 485 种，西工大校园中有 11 种木本植物。

紫荆

Cercis chinensis

科　属：豆科　紫荆属

俗　名：老茎生花、紫珠、裸枝树、满条红、白花紫荆、短毛紫荆

最佳观赏期：3—4 月

最佳观赏地：长安校区桃李园

特征描述：

从生或单生灌木。叶纸质，近圆形或三角状圆形，长 5~10 厘米，先端急尖，两面通常无毛。花紫红色或粉红色，2~10 余朵成束，簇生于老枝和主干上，通常先于叶开放，但嫩枝或幼株上的花则与叶同时开放，花长 1~1.3 厘米。荚果扁狭长形，绿色，长 4~8 厘米；种子 2~6 颗，阔长圆形，黑褐色，光亮。花期 3—4 月，果期 8—10 月。

湖北紫荆

Cercis glabra

科　属：豆科　紫荆属

俗　名：云南紫荆、乌桑树、箩筐树

最佳观赏期：3—4 月

最佳观赏地：长安校区银河路

特征描述：

落叶乔木。树皮和小枝灰黑色。叶较大，厚纸质或近革质，心脏形或三角状圆形，长 5~12 厘米，先端钝或急尖，幼叶常呈紫红色，成长后绿色，上面光亮，下面无毛或基部脉腋间常有簇生柔毛；叶柄长 2~4.5 厘米。总状花序短，有花数至十余朵；花淡紫红色或粉红色，先于叶或与叶同时开放。荚果狭长圆形，紫红色，长 9~14 厘米。种子 1~8 颗，近圆形，长 6~7 毫米。花期 3—4 月，果期 9—11 月。

皂荚

Gleditsia sinensis

科　属：豆科　皂荚属

俗　名：刀皂、牙皂、猪牙皂、皂荚树、皂角、三刺皂角

最佳观赏期：5—10 月

最佳观赏地：长安校区静悟园西北角、友谊校区西安航空馆

特征描述：

落叶乔木。枝灰色至深褐色；刺粗壮，圆柱形，常分枝。叶为一回羽状复叶，纸质，卵状披针形至长圆形。花杂性，黄白色，组成总状花序；花序腋生或顶生，被短柔毛。荚果带状，劲直或扭曲，果肉稍厚，两面膨起，果瓣革质，褐棕色或红褐色，常被白色粉霜，种子多颗，长圆形或椭圆形；或荚果短小，呈新月形，内无种子。花期 3—5 月，果期 5—12 月。

合欢

Albizia julibrissin

科　属：豆科　合欢属

俗　名：马缨花、绒花树、夜合合、合昏、乌绒树、拂绒、拂缨

最佳观赏期：6—7 月

最佳观赏地：长安校区星天苑 C 座

特征描述：

落叶乔木。树冠开展；小枝有棱角，嫩枝、花序和叶轴被绒毛或短柔毛。二回羽状复叶，羽片 4~12 对；小叶 10~30 对，长 6~12 毫米。头状花序于枝顶排成圆锥花序，花粉红色。荚果带状，长 9~15 厘米，宽 1.5~2.5 厘米。花期 6—7 月，果期 8—10 月。

山槐

Albizia kalkora

科　属：豆科　合欢属

俗　名：马缨花、白夜合、山合欢、滇合欢

最佳观赏期：5 月

最佳观赏地：长安校区数字化大楼

特征描述：

落叶小乔木或灌木。枝条暗褐色，被短柔毛，有显著皮孔。二回羽状复叶，羽片 2~4 对，小叶 5~14 对，长圆形或长圆状卵形，基部不等侧，两面均被短柔毛，中脉稍偏于上侧。头状花序 2~7 枚生于叶腋，或于枝顶排成圆锥花序；花初白色，后变黄，具明显的小花梗。荚果带状，长 7~17 厘米，宽 1.5~3 厘米，深棕色，嫩荚密被短柔毛，老时无毛。种子 4~12 颗，倒卵形。花期 5—6 月，果期 8—10 月。

槐

Styphnolobium japonicum

科　属：豆科　槐属

俗　名：国槐、金药树、豆槐、槐花树、槐花木、守宫槐、紫花槐、槐树

最佳观赏期：7 月

最佳观赏地：长安校区巡航北路两侧、友谊校区西图书馆中心花园

特征描述：

乔木。树皮灰褐色，具纵裂纹。当年生枝绿色，无毛。羽状复叶，小叶 4~7 对，对生或近互生，纸质，卵状披针形或卵状长圆形；小托叶 2 枚，钻状。圆锥花序顶生，常呈金字塔形。荚果串珠状，径约 10 毫米。种子排列较紧密，具肉质果皮，成熟后不开裂，具种子 1~6 粒；种子卵球形，淡黄绿色，干后黑褐色。花期 7—8 月，果期 8—10 月。

金枝槐

Styphnolobium japonicum 'Golden Stem'

科　属：豆科　槐属

俗　名：金枝国槐

最佳观赏期：5—10 月

最佳观赏地：长安校区星天苑宿舍 E 座

特征描述：

该种是槐的栽培品种。乔木，树皮灰褐色，具纵裂纹。生枝条秋季逐渐变成黄色、深黄色，2 年生的树体呈金黄色，树皮光滑，羽状复叶叶轴初被疏柔毛，旋即脱净；叶柄基部膨大，包裹着芽；托叶形状多变，羽状复叶，椭圆形，光滑，淡绿色、黄色、深黄色。荚果，串状，花萼浅钟状，种子间缢缩不明显，种子排列较紧密，果皮肉质，成熟后不开裂，种子椭圆形。花期 5—8 月，果期 8—10 月。

龙爪槐

Styphnolobium japonicum 'Pendula'

科　属：豆科　槐属

最佳观赏期：6—7 月

最佳观赏地：长安校区云天苑餐厅东侧、何尊广场，
　　　　　　友谊校区爱生楼

特征描述：

该种是槐的栽培品种。乔木。枝和小枝均下垂，并向不同方向弯曲盘悬，形似龙爪。叶、花供观赏，其姿态优美，是优良的园林树种。小叶 4~7 对，对生或近互生，纸质，卵状披针形或卵状长圆形；小托叶 2 枚，钻状。圆锥花序顶生，常呈金字塔形。荚果串珠状；种子卵球形，淡黄绿色，干后黑褐色。花期 7—8 月，果期 8—10 月。

刺槐

刺槐

Robinia pseudoacacia

科　属：豆科　刺槐属

俗　名：洋槐、槐花、伞形洋槐、塔形洋槐

最佳观赏期：4—6 月

最佳观赏地：长安校区星天苑 E 座

特征描述：

落叶乔木。树皮灰褐色至黑褐色，稀光滑；小枝灰褐色。羽状复叶；小叶 2~12 对，常对生，椭圆形、长椭圆形或卵形，全缘，上面绿色，下面灰绿色；小叶柄长 1~3 毫米。总状花序，腋生，花多数，芳香；苞片早落；子房线形，长约 1.2 厘米，无毛。荚果褐色或具红褐色斑纹，线状长圆形；种子褐色至黑褐色，微具光泽，有时具斑纹，近肾形。花期 4—6 月，果期 8—9 月。

毛洋槐

Robinia hispida

科　属：豆科　刺槐属

俗　名：粉花刺槐、毛刺槐

最佳观赏期：5—6 月

最佳观赏地：长安校区家属院

特征描述：

落叶灌木。幼枝绿色，二年生枝深灰褐色。羽状复叶长 15~30 厘米；小叶 5~7 对，椭圆形，通常叶轴下部 1 对小叶最小；小叶柄被白色柔毛。总状花序腋生，除花冠外，均被紫红色腺毛及白色细柔毛，花 3~8 朵；总花梗长 4~8.5 厘米；花萼紫红色；花冠红色至玫瑰红色，花瓣具柄，旗瓣近肾形，先端凹缺，翼瓣镰形，龙骨瓣近三角形。荚果线形，长 5~8 厘米，扁平，先端急尖，果颈短，有种子 3~5 粒。花期 5—6 月，果期 7—10 月。

紫藤

Wisteria sinensis

科　属：豆科　紫藤属

俗　名：紫藤萝

特征描述：

落叶藤本。茎左旋；枝较粗壮，嫩枝被白色柔毛，后秃净；冬芽卵形。奇数羽状复叶，托叶线形，早落。总状花序发自种植一年短枝的腋芽或顶芽，花序轴被白色柔毛；苞片披针形，早落；花芳香。荚果倒披针形，密被绒毛，悬垂枝上不脱落，有种子 1~3 粒；种子褐色，具光泽，圆形，扁平。花期 4 月中旬—5 月上旬，果期 5—8 月。

最佳观赏期：3 月下旬—4 月中旬

最佳观赏地：长安校区静悟园、启真湖，友谊校区爱生楼

紫藤

NPUP
西北
书

大学出版社

蔷薇科 Rosaceae

草本、灌木或乔木，落叶或常绿，有刺或无刺。叶互生，稀对生，单叶或复叶，有显明托叶，稀无托叶。花两性，稀单性。通常整齐，周位花或上位花；萼片和花瓣同数，通常 4~5；雄蕊 5 至多数，花丝离生。果实为蓇葖果、瘦果、梨果或核果，稀蒴果。

蔷薇科约 124 属 3 300 余种，我国有 51 属 1 000 余种，西工大校园中有 47 种木本植物。

木香花

Rosa banksiae

科　属：蔷薇科　蔷薇属

俗　名：七里香、木香、金樱、小金樱、十里香、木香藤

最佳观赏期：4 月

最佳观赏地：长安校区家属院

特征描述：

攀援小灌木。小枝圆柱形，无毛，有短小皮刺。小叶 3~5，稀 7；小叶片椭圆状卵形或长圆披针形，边缘有紧贴细锯齿。花小形，多朵成伞形花序，花直径 1.5~2.5 厘米；花梗长 2~3 厘米；萼片卵形，先端长渐尖，全缘；花瓣重瓣至半重瓣，白色，倒卵形，先端圆，基部楔形；心皮多数，花柱离生，密被柔毛，比雄蕊短很多。花期 4—5 月。

黄木香花

Rosa banksiae* f. *lutea

科　属：蔷薇科　蔷薇属

最佳观赏期：4 月

最佳观赏地：长安校区家属院

特征描述：

该种是木香花的变型。攀援小灌木。小枝圆柱形，无毛，有短小皮刺。小叶 3~5，稀 7；小叶片椭圆状卵形或长圆披针形，边缘有紧贴细锯齿。花小型，多朵成伞形花序，花直径 1.5~2.5 厘米；花黄色重瓣。花期 4—5 月。

月季花

Rosa chinensis

科　属：蔷薇科　蔷薇属

俗　名：月月花、月月红、玫瑰、月季

最佳观赏期：4—9 月

最佳观赏地：长安校区家属院、管理学院

特征描述：

直立灌木。小枝粗壮，圆柱形，有短粗的钩状皮刺。小叶片宽卵形至卵状长圆形，边缘有锐锯齿，上面暗绿色，下面颜色较浅。花几朵集生，稀单生，直径 4~5 厘米；花梗近无毛或有腺毛，边缘常有羽状裂片，稀全缘，外面无毛，内面密被长柔毛；花瓣重瓣至半重瓣，红色、粉红色至白色，倒卵形，先端有凹缺。自然花期 4—9 月，果期 6—11 月。

野蔷薇

Rosa multiflora

科　属：蔷薇科　蔷薇属

俗　名：蔷薇、多花蔷薇、营实墙蘼、刺花、墙蘼、白花蔷薇、七姐妹

最佳观赏期：5—6 月

最佳观赏地：长安校区家属院、南山苑

特征描述：

攀援灌木。小枝圆柱形，通常无毛，有短、粗稍弯曲皮束。小叶片倒卵形、长圆形或卵形，边缘有尖锐单锯齿，上面无毛，下面有柔毛。小叶柄和叶轴有柔毛或无毛，有散生腺毛。花多朵，排成圆锥状花序；萼片披针形，有时中部具 2 个线形裂片，外面无毛，内面有柔毛；花瓣白色，宽倒卵形。果近球形，红褐色或紫褐色，有光泽。花期 5—6 月。

粉团蔷薇

Rosa multiflora* var. *cathayensis

科　属：蔷薇科　蔷薇属

俗　名：红刺玫

佳观赏期：4—6 月

最佳观赏地：长安校区家属院

特征描述：

该种是野蔷薇的变种。攀援灌木。小枝圆柱形，通常无毛。小叶 5~9，近花序的小叶有时 3，连叶柄长 5~10 厘米；小叶片卵形，长 1.5~5 厘米，宽 8~28 毫米，边缘有尖锐单锯齿，上面无毛，下面有柔毛。花多朵，排成圆锥状花序，花梗长 1.5~2.5 厘米；花直径 1.5~2 厘米；花瓣粉红色，单瓣，宽倒卵形，先端微凹。果近球形，直径 6~8 毫米，红褐色或紫褐色，有光泽，无毛，萼片脱落。花期 5 月。

七姊妹

***Rosa multiflora* 'Grevillei'**

科　属：蔷薇科　蔷薇属

俗　名：十姊妹、七姐妹

最佳观赏期：4—6 月

最佳观赏地：长安校区家属院竹园

特征描述：

该种是野蔷薇的栽培变种。一枝十花或七花，亦名“十姊妹”。单数羽状复叶，托叶附着于叶柄上。花为伞房花序，花重瓣，粉红色，具淡香。果卵形，较小，褐红色。花期 5—6 月，果期 9—10 月。

单瓣黄刺玫

Rosa xanthina f. *normalis*

科　属：蔷薇科　蔷薇属

佳观赏期：5—6 月

最佳观赏地：长安校区静悟园

特征描述：

该种是黄刺玫的变型。直立灌木，枝粗壮，密集，披散。小叶片宽卵形或近圆形，边缘有圆钝锯齿，上面无毛，幼嫩时下面有稀疏柔毛，逐渐脱落；叶轴、叶柄有稀疏柔毛和小皮刺。花单生于叶腋，单瓣，宽倒卵形，黄色，无苞片。果近球形或倒卵圆形，紫褐色或黑褐色，无毛，花后萼片反折。花期 4—6 月，果期 7—8 月。

紫叶矮樱

Prunus × *cistena*

科　属：蔷薇科　李属

最佳观赏期：4—5 月

最佳观赏地：长安校区何尊广场、教学西楼 D 座

特征描述：

落叶灌木或小乔木。枝条幼时紫褐色，通常无毛，老枝有皮孔，分布整个枝条。叶长卵形或卵状长椭圆形，长 4~8 厘米，先端渐尖，叶面红色或紫色，背面色彩更红，新叶顶端鲜紫红色，当年生枝条木质部红色。花单生，中等偏小，淡粉红色，花瓣 5 片，微香，雄蕊多数，单雌蕊。花期 4—5 月。

紫叶李

Prunus cerasifera 'Atropurpurea'

科　属：蔷薇科　李属

俗　名：红叶李

最佳观赏期：3 月中下旬

最佳观赏地：长安校区静悟园、友谊校区东图书馆

特征描述：

该种是樱桃李的栽培变种。灌木或小乔木。多分枝，小枝暗红色，无毛。叶片椭圆形、卵形或倒卵形，先端急尖，叶紫红色。花 1 朵，稀 2 朵；花瓣白色，长圆形或匙形，边缘波状；雄蕊 25~30，花丝长短不等，紧密地排成不规则 2 轮，比花瓣稍短；雌蕊 1，花柱比雄蕊稍长。核果近球形或椭圆形，黄色、红色或黑色，微被蜡粉；核椭圆形或卵球形。花期 4 月，果期 8 月。

李

Prunus salicina

科　属：蔷薇科　李属

俗　名：玉皇李、嘉应子、嘉庆子、山李子

最佳观赏期：3 月

最佳观赏地：长安校区静悟园

特征描述：

落叶乔木。树皮灰褐色，起伏不平。叶片长圆倒卵形、长椭圆形，边缘有圆钝重锯齿；叶柄长 1~2 厘米，通常无毛。花通常 3 朵并生；花瓣白色，长圆倒卵形；雄蕊多数，花丝长短不等，排成不规则 2 轮，比花瓣短；雌蕊 1，柱头盘状，花柱比雄蕊稍长。核果球形、卵球形或近圆锥形，黄色或红色，有时为绿色或紫色。花期 3—4 月，果期 7—8 月。

关山樱

***Prunus serrulata* 'Sekiyama'**

科　属：蔷薇科　李属

最佳观赏期：3—5 月

最佳观赏地：长安校区数字化大楼东侧

特征描述：

该种是山樱花的栽培变种。小乔木。多分枝，小枝多而向上弯。花叶同开，开花数量多，花浓红色，花瓣约 30 枚，2 枚雌蕊叶化，不结实，花梗粗且长，嫩叶茶褐色。花期 3 月底—4 月。

松月樱

***Prunus serrulata* var. *lannesiana* 'Superba'**

科　属：蔷薇科　李属

最佳观赏期：4 月初

最佳观赏地：长安校区星天苑南餐厅靠近星 A 宿舍

特征描述：

该种是日本晚樱品种。小乔木，树枝柔软下垂，树形呈伞状。嫩叶绿色。花蕾红色，随着花朵开放渐变为白色，花径 5 厘米，瓣约 30 枚，花梗细长，花下垂，雌蕊叶化。花期 4 月初，花叶同放。

普贤象樱

Prunus serrulata 'Alborosea'

科　属：蔷薇科　李属

最佳观赏期：3—4 月

最佳观赏地：长安校区教学西楼 B 座

特征描述：

该种是山樱花的栽培变种。落叶乔木。花叶同放，幼叶红褐色，花初期花瓣为淡红色，后变成近白色，花瓣 21~50 枚，雌蕊通常 2 枚，成象牙状突出，因像普照贤菩萨乘坐的大象而得名。花期 4 月中下旬。

郁金樱

Prunus serrulata 'Grandiflora'

科　属：蔷薇科　李属

最佳观赏期：3 月中旬—4 月初

最佳观赏地：长安校区云天苑餐厅南侧

特征描述：

该种是山樱花的栽培变种。有单瓣和重瓣之分，以重瓣的居多。花浅黄绿色，瓣约 15 枚，质稍硬，最外方的花瓣背部带淡红色，常有旗瓣。萼长椭圆状披针形，全缘，花瓣 7~18 枚，凹头，淡黄绿色至淡紫色，内侧花柄有柄。花期 3 月。

大岛樱

Prunus speciosa

科　属：蔷薇科　李属

最佳观赏期：3 月

最佳观赏地：长安校区教学西楼 B 座、星天苑 C 座东侧

特征描述：

落叶乔木。叶互生，卵形，叶缘具重锯齿。花叶同开。花白色，单瓣，呈伞房状开放。萼筒长钟形，萼片呈披针形，边缘有锯齿，花整体无毛。核果黑色，球形。花期 3 月中旬。

染井吉野樱

Prunus × *yedoensis* 'Somei-yoshino'

科　属：蔷薇科　李属

最佳观赏期：3—4 月

最佳观赏地：长安校区实验大楼南侧、图书馆至启翔楼道路两侧

特征描述：

该种为东京樱花的园艺品种。落叶乔木。枝干银灰色，叶椭圆形。单瓣花，淡粉红色，4~5 朵花形成总状花序，萼片及花梗上有毛。花朵有 5 枚花瓣，花色在花朵刚绽放时是淡红色，而在完全绽放时会逐渐转白。花期为 4 月上旬—5 月中旬。

樱桃

Prunus pseudocerasus

科　属：蔷薇科　李属

俗　名：樱珠、牛桃、英桃、楔桃、荆桃、莺桃、唐实樱、乌皮樱桃、崖樱桃

最佳观赏期：3—4 月

最佳观赏地：长安校区家属院

特征描述：

乔木，树皮灰白色。小枝灰褐色，嫩枝绿色，无毛或被疏柔毛。叶片卵形，先端渐尖，边有尖锐重锯齿，侧脉 9~11 对；叶柄长 0.7~1.5 厘米，被疏柔毛，先端有 1 或 2 个大腺体。花序伞房状或近伞形，有花 3~6 朵，先叶开放；花梗长 0.8~1.9 厘米，被疏柔毛；萼片三角卵圆形或卵状长圆形；花瓣白色，卵圆形，先端下凹或二裂；雄蕊 30~35 枚；花柱与雄蕊近等长。核果近球形，红色，直径 0.9~1.3 厘米。花期 3—4 月，果期 5—6 月。

毛樱桃

Prunus tomentosa

科　属：蔷薇科　李属

俗　名：樱桃、山豆子、梅桃、山樱桃、野樱桃、山樱桃梅

最佳观赏期：4—5 月

最佳观赏地：长安校区南山苑、启翔湖

特征描述：

灌木，稀小乔木状。嫩枝密被绒毛至无毛。叶片倒卵状椭圆形，长 2~7 厘米，基部楔形，边有急尖或粗锐锯齿，上面被疏柔毛，下面灰绿色，密被灰色绒毛至稀疏，侧脉 4~7 对。花单生或 2 朵簇生，花叶同放，近先叶开放或先叶开放；花瓣白色或粉红色，倒卵形；雄蕊短于花瓣；花柱伸出，与雄蕊近等长或稍长。核果近球形，红色。花期 4—5 月，果期 6—9 月。

重瓣麦李

Prunus glandulosa f. *albiplena*

科　属：蔷薇科　李属

最佳观赏期：3 月中下旬

最佳观赏地：长安校区星天苑 A 座南侧

特征描述：

该种是麦李的变型。灌木。小枝灰棕色或棕褐色，无毛或嫩枝被短柔毛。叶片长圆披针形或椭圆披针形，先端渐尖，边有细钝重锯齿，上面绿色，下面淡绿色，两面均无毛；托叶线形。花单生或 2 朵簇生，花叶同开或近同开；花瓣粉色，倒卵形。核果红色或紫红色，近球形。花期 3—4 月，果期 5—8 月。

山桃

Prunus davidiana

科　属：蔷薇科　李属

俗　名：苦桃、陶古日、哲日勒格、野桃、山毛桃、桃花

最佳观赏期：3—4 月

最佳观赏地：长安校区图书馆与实验大楼附近

特征描述：

乔木。树皮暗紫色，光滑；小枝细长，直立，幼时无毛，老时褐色。叶片卵状披针形，两面无毛，叶边具细锐锯齿。花单生，先于叶开放；花瓣倒卵形或近圆形，粉红色；雄蕊多数，几与花瓣等长或稍短；子房被柔毛，花柱长于雄蕊或近等长。果实近球形，淡黄色，外面密被短柔毛；果肉薄而干，不可食，成熟时不开裂；核球形或近球形。花期 3—4 月，果期 7—8 月。

桃

Prunus persica

科　属：蔷薇科　李属

俗　名：桃子、粘核油桃、粘核桃、离核油桃、离核桃、陶古日、油桃

最佳观赏期：3—4 月

最佳观赏地：长安校区图书馆、启真湖北侧

特征描述：

乔木。叶片披针形，先端渐尖，叶边具细锯齿。花单生，先于叶开放；花瓣长圆状椭圆形至宽倒卵形，粉红色，罕为白色；雄蕊约 20~30 枚。果实形状常为卵形或宽椭圆形，外面密被短柔毛；果肉白色、浅绿白色、黄色、橙黄色或红色，多汁有香味，甜或酸甜；核大，离核或粘核。花期 3—4 月，果实成熟期因品种而异，通常为 8—9 月。

碧桃

***Prunus persica* 'Duplex'**

科　属：蔷薇科　李属

最佳观赏期：3—4 月

最佳观赏地：长安校区星天苑 A 座

特征描述：

该种是桃的栽培变种。乔木。芽 2~3 个簇生，叶芽居中，两侧花芽。叶披针形，先端渐尖，基部宽楔形，具锯齿。花单生，先叶开放。花瓣长圆状椭圆形或宽倒卵形，粉红色，稀白色；花药绯红色。核果卵圆形，成熟时向阳面具红晕。花期 3—4 月，果期 7—9 月。

重瓣榆叶梅

Prunus triloba 'Multiplex'

科　属：蔷薇科　李属

俗　名：小桃红

最佳观赏期：3—4 月

最佳观赏地：长安校区启翔湖

特征描述：

该种是榆叶梅的栽培变种。落叶灌木，稀为小乔木。叶似榆，花如梅，枝叶茂密，花朵密集艳丽。枝条紫褐色，粗糙，分枝角度小，多直立。花期 3—4 月，花先于叶开放，花瓣为扁圆形，重瓣，萼片通常 10 枚，花型为玉盘型，花多而密集，花较大，花朵直径 2~3 厘米。花瓣浅粉红色至深粉红色。花瓣覆瓦状排列，排列较紧密，内轮花瓣浅粉红色，外轮花瓣逐渐呈现深粉红色。

梅

Prunus mume

科　属：蔷薇科　李属

俗　名：垂枝梅、乌梅、酸梅、干枝梅、春梅、白梅花、野梅花、西梅、日本杏

最佳观赏期：2—3 月

最佳观赏地：长安校区图书馆

特征描述：

小乔木，稀灌木。树皮浅灰色或带绿色，平滑。小枝绿色，光滑无毛。叶片卵形或椭圆形，长 4~8 厘米，叶边常具小锐锯齿，灰绿色；叶柄长 1~2 厘米。花单生或有时 2 朵同生于 1 芽内，香味浓，先于叶开放；花萼通常红褐色；花瓣倒卵形，白色至粉红色。果实近球形，黄色或绿白色，被柔毛，味酸；果肉与核粘贴。花期冬春季，果期 5—6 月。

杏梅

Prunus mume var. *bungo*

科　属：蔷薇科　李属

俗　名：欧梅、丰后梅

最佳观赏期：3—4 月

最佳观赏地：长安校区静悟园

特征描述：

该种是梅的变种。小乔木，稀灌木。树皮浅灰色或带绿色，平滑；小枝绿色，光滑无毛。叶片卵形或椭圆形，枝和叶均似山杏或杏；花呈杏花形；多为复瓣，水红色，瓣爪细长；几乎无香味。杏梅枝叶介于梅杏之间，花托肿大，梗短，花不香，果似杏，味酸，果核表面具蜂窝状小凹点，又似梅。花期冬春季，果期 5—6 月（在华北果期延至 7—8 月）。

美人梅

Prunus × *blireana* 'Meiren'

科　属：蔷薇科　李属

俗　名：樱李梅

最佳观赏期：3—4 月

最佳观赏地：长安校区静悟园、力学与土木建筑学院北侧和西侧、启翔湖西北角

特征描述：

该种是樱李梅的栽培变种。由重瓣粉型梅花与红叶李杂交而成。落叶小乔木。叶片卵圆形，长 5 ~ 9 厘米，紫红色。花粉红色，着花繁密，先花后叶。花期春季，花色浅紫，重瓣花，先叶开放，萼筒宽钟状，萼片 5 枚，近圆形至扁圆，花瓣 15~17 枚，小瓣 5~6 枚，花梗 1.5 厘米，雄蕊多数。花期 3—4 月。

杏

Prunus armeniaca

科　属：蔷薇科　李属

俗　名：归勒斯、杏花、杏树

最佳观赏期：3—4 月

最佳观赏地：长安校区静悟园、家属院、翱翔游泳馆东南角

特征描述：

落叶乔木。树冠开阔，圆球形或扁球形。小枝红褐色。叶广卵形，先端短尖或尾状尖，锯齿圆钝，两面无毛或仅背面有簇毛。花芽 2 ~ 3 个在枝侧集生，每个花芽内一花；花先叶开放，花瓣白色至淡粉红色，径约 2.5 厘米，花梗极短，花萼鲜绛红色。果实近球形，果皮黄色或带红晕，径 2.5~3 厘米，有细柔毛；果核平滑。花期 3—4 月，果期 6—7 月。

棣棠

Kerria japonica

科　属：蔷薇科　棣棠属

俗　名：土黄条、鸡蛋黄花、山吹、棣棠花

佳观赏期：4—6 月

最佳观赏地：长安校区桃李园

特征描述：

落叶灌木。小枝绿色，圆柱形，无毛，常拱垂，嫩枝有棱角。叶互生，三角状卵形或卵圆形，边缘有尖锐重锯齿。单花，着生在当年生侧枝顶端，花梗无毛；花直径 2.5~6 厘米；萼片卵状椭圆形；花瓣黄色，宽椭圆形，顶端下凹，比萼片长 1~4 倍。瘦果倒卵形至半球形，褐色或黑褐色，表面无毛，有皱褶。花期 4—6 月，果期 6—8 月。

重瓣棣棠

***Kerria japonica* 'Pleniflora'**

科　属：蔷薇科　棣棠属

最佳观赏期：4—6 月

最佳观赏地：长安校区桃李园东侧

特征描述：

该种是棣棠的栽培变种。落叶灌木。叶互生，三角状卵形或卵圆形，两面绿色。单花，着生在当年生侧枝顶端，花梗无毛；萼片卵状椭圆形，顶端急尖，有小尖头，全缘，无毛，果时宿存；花瓣黄色，重瓣，宽椭圆形，顶端下凹，比萼片长 1~4 倍。瘦果倒卵形至半球形，褐色或黑褐色，表面无毛，有皱褶。花期 4—6 月，果期 6—8 月。

菱叶绣线菊

Spiraea × vanhouttei

科　属：蔷薇科　绣线菊属

俗　名：范氏绣线菊

最佳观赏期：5—6 月

最佳观赏地：长安校区静悟园

特征描述：

灌木。小枝拱形弯曲，红褐色，幼时无毛。叶片菱状卵形至菱状倒卵形，长 1.5~3.5 厘米，先端急尖，通常 3~5 裂，基部楔形，边缘有缺刻状重锯齿，两面无毛，上面暗绿色，下面浅蓝灰色，具不显著 3 脉或羽状脉；叶柄长 3~5 毫米，无毛。蓇葖果稍开张，花柱近直立，萼片直立开张。花期 5—6 月。

粉花绣线菊

Spiraea japonica

科　属：蔷薇科　绣线菊属

俗　名：吹火筒、狭叶绣球菊、尖叶绣球菊、火烧尖、蚂蟥梢、日本绣线菊

最佳观赏期：6—7 月

最佳观赏地：长安校区理学院、教学西楼 C 座

特征描述：

直立灌木。枝条细长，开展，小枝近圆柱形，无毛或幼时被短柔毛；冬芽卵形，先端急尖，有数个鳞片。叶片卵形至卵状椭圆形，边缘有缺刻状重锯齿或单锯齿，上面暗绿色，无毛或沿叶脉微具短柔毛，下面色浅或有白霜，通常沿叶脉有短柔毛；叶柄长 1~3 毫米，具短柔毛。蓇葖果半开张，无毛或沿腹缝有稀疏柔毛。花期 6—7 月，果期 8—9 月。

珍珠绣线菊

Spiraea thunbergii

科　属：蔷薇科　绣线菊属

俗　名：珍珠花、喷雪花、雪柳

最佳观赏期：3—4 月

最佳观赏地：长安校区家属院

特征描述：

灌木。枝条细长开张，呈弧形弯曲，小枝有稜角。叶片线状披针形，长 25~40 毫米，先端长渐尖；边缘自中部以上有尖锐锯齿，两面无毛，具羽状脉；叶柄极短或近无柄。伞形花序无总梗，具花 3~7 朵，基部簇生数枚小形叶片；花直径 6~8 毫米；花瓣倒卵形或近圆形，长 2~4 毫米，白色；雄蕊 18~20；花盘圆环形，由 10 个裂片组成；花柱几乎与雄蕊等长。蓇葖果开张，无毛，花柱近顶生，稍斜展，具直立或反折萼片。花期 4—5 月，果期 7 月。

山楂

Crataegus pinnatifida

科　属：蔷薇科　山楂属

俗　名：山里红、红果、棠棣、绿梨、酸楂

最佳观赏期：9—10 月

最佳观赏地：长安校区静悟园南侧

特征描述：

落叶乔木。树皮粗糙，暗灰色或灰褐色，刺长约 1~2 厘米。叶片宽卵形或三角状卵形，先端短渐尖，通常两侧各有 3~5 羽状深裂片，边缘有重锯齿；叶柄长 2~6 厘米。伞房花序具多花；花瓣倒卵形或近圆形，白色；雄蕊 20，短于花瓣，花药粉红色；花柱 3~5。果实近球形或梨形，直径 1~1.5 厘米，深红色，有浅色斑点。花期 5—6 月，果期 9—10 月。

石楠

Photinia serratifolia

科　属：蔷薇科　石楠属

俗　名：山官木、凿角、石纲、石楠柴、将军梨、红叶石楠、中华石楠

最佳观赏期：10 月

最佳观赏地：长安校区星天苑操场、云天苑宿舍区

特征描述：

常绿灌木或小乔木。枝褐灰色，无毛。叶片革质，长椭圆形、长倒卵形或倒卵状椭圆形，先端尾尖，基部圆形或宽楔形。复伞房花序顶生；总花梗和花梗无毛；花瓣白色，近圆形，内外两面皆无毛；雄蕊 20，外轮较花瓣长，内轮较花瓣短，花药带紫色。果实球形，红色，后成褐紫色，有 1 粒种子；种子卵形，棕色，平滑。花期 4—5 月，果期 10 月。

红叶石楠

Photinia × fraseri

科　属：蔷薇科　石楠属

俗　名：火焰红、千年红、红罗宾

最佳观赏期：4—10月

最佳观赏地：长安校区通慧园

特征描述：

常绿小乔木或灌木。因其新梢和嫩叶鲜红而得名。树干及枝条上有刺；幼枝呈棕色，贴生短毛，后呈紫褐色，最后呈灰色无毛。叶片长圆形至倒卵状，革质，披针形，叶端渐尖而有短尖头，叶基楔形，叶缘有带腺的锯齿。花多而密，呈顶生复伞房花序；花序梗、花柄均贴生短柔毛；花白色。梨果黄红色。花期5—7月，果期9—10月。

火棘

Pyracantha fortuneana

科　属：蔷薇科　火棘属

俗　名：赤阳子、红子、救命粮、救军粮、救兵粮、火把果

最佳观赏期：9—12月

最佳观赏地：长安校区静悟园、电子信息学院东侧、启翔湖红色步道

特征描述：

常绿灌木。侧枝短，先端成刺状，嫩枝外被锈色短柔毛，老枝暗褐色，无毛。叶片倒卵形或倒卵状长圆形，长1.5~6厘米，先端圆钝或微凹，边缘有钝锯齿，两面皆无毛。花集成复伞房花序，花梗和总花梗近于无毛；花瓣白色，近圆形；雄蕊20，花药黄色。果实近球形，直径约5毫米，橘红色或深红色。花期3—5月，果期8—11月。

木瓜

Pseudocydonia sinensis

科　属：蔷薇科　木瓜属

俗　名：海棠、木李、榠楂、木瓜海棠

最佳观赏期：5—6 月

最佳观赏地：长安校区海天苑留学生宿舍、家属院，友谊校区西图书馆中心花园

特征描述：

灌木或小乔木。小枝无刺，幼时被柔毛。叶片椭圆卵形或椭圆长圆形，长 5~8 厘米，先端急尖，边缘有刺芒状尖锐锯齿，幼时下面密被黄白色绒毛，不久即脱落；叶柄长 0.5~1 厘米，微被柔毛。花后叶开放，单生叶腋；花径 2.5~3 厘米；花瓣淡粉红色，倒卵形；雄蕊多数，长不及花瓣 1/2；花柱 3~5，被柔毛。果长椭圆形，长 10~15 厘米，暗黄色，木质；味芳香；果柄短。花期 4 月，果期 9—10 月。

贴梗海棠

Chaenomeles speciosa

科　属：蔷薇科　木瓜海棠属

俗　名：铁脚梨、贴梗木瓜、楙、木瓜、皱皮南瓜

最佳观赏期：3—4 月

最佳观赏地：长安校区星天苑餐厅北侧

特征描述：

落叶灌木。枝条直立开展，有刺，小枝圆柱形。叶片卵形至椭圆形，长 3~9 厘米，边缘具有尖锐锯齿；叶柄长约 1 厘米。花先叶开放，3~5 朵簇生于二年生老枝上；花直径 3~5 厘米；花瓣呈猩红色、稀淡红色或白色；雄蕊 45~50；花柱 5，约与雄蕊等长。果实球形或卵球形，直径 4~6 厘米，黄色或黄绿色，有稀疏不明显斑点，味芳香。花期 3—5 月，果期 9—10 月。

花红

Malus asiatica

科　属：蔷薇科　苹果属

俗　名：沙果、文林朗果、林檎

最佳观赏期：3—4 月

最佳观赏地：长安校区星天苑 F 座

特征描述：

小乔木。叶片卵形或椭圆形，边缘有细锐锯齿，上面有短柔毛，逐渐脱落，下面密被短柔毛；叶柄长 1.5~5 厘米，具短柔毛。伞房花序，具花 4~7 朵，集生在小枝顶端；花梗长 1.5~2 厘米；花直径 3~4 厘米；萼片三角披针形；花瓣倒卵形或长圆倒卵形，淡粉色；雄蕊 17~20，花丝比花瓣短；花柱 4~5，比雄蕊长。果实卵形或近球形，直径 4~5 厘米，黄色或红色，先端渐狭，不具隆起，基部陷入，宿存萼肥厚隆起。花期 4—5 月，果期 8—9 月。

垂丝海棠

Malus halliana

科　属：蔷薇科　苹果属

最佳观赏期：3 月中旬—4 月上旬

最佳观赏地：长安校区星天苑 C 座

特征描述：

乔木，树冠开展。叶片卵形或椭圆形至长椭卵形，上面深绿色，有光泽并常带紫晕。伞房花序，具花 4~6 朵，花梗细弱，下垂，有稀疏柔毛，紫色；花瓣倒卵形，粉红色，常在 5 数以上；雄蕊 20~25，花丝长短不齐，约等于花瓣之半；花柱 4 或 5，较雄蕊为长，顶花有时缺少雌蕊。果实梨形或倒卵形，略带紫色，直径 6~8 毫米。花期 3—4 月，果期 9—10 月。

西府海棠

Malus × micromalus

科　属：蔷薇科　苹果属

俗　名：子母海棠、小果海棠、海红

最佳观赏期：3 月中旬—4 月上旬

最佳观赏地：长安校区启真湖西侧、图书馆北侧

特征描述：

小乔木。树枝直立性强，小枝细弱圆柱形，紫红色或暗褐色。叶片长椭圆形或椭圆形，边缘有尖锐锯齿。伞形总状花序，有花 4~7 朵，集生于小枝顶端；花瓣近圆形或长椭圆形，粉红色；雄蕊约 20，花丝长短不等，比花瓣稍短；花柱 5，约与雄蕊等长。果实近球形，红色，直径 1~1.5 厘米。花期 4—5 月，果期 8—9 月。

北美海棠

Malus 'American'

科　属：蔷薇科　苹果属

最佳观赏期：3—4 月

最佳观赏地：长安校区海天苑留学生公寓南侧花园

特征描述：

落叶小乔木。叶椭圆形，先端渐尖，基部宽楔形至圆形，边缘具钝齿。花簇生状，花萼披针形，花瓣 5，花色丰富，花梗细长。果实球形，大小及颜色多种多样，直径 1~2 厘米，花萼宿存或脱落，直立。花期 4 月，果期 8—10 月。北美海棠是一系列杂交品种的统称。

王族海棠

Malus 'Royalty'

科　属：蔷薇科　苹果属

最佳观赏期：3 月中旬—4 月上旬

最佳观赏地：长安校区海天苑餐厅花园北侧

特征描述：

落叶乔木。树型直立，树冠圆形，向上，枝干均为暗紫红色。叶紫红色带金属般的光亮，叶片椭圆形，渐尖，基部楔形，具钝锯齿。花蕾暗黑红色、暗红色至深紫红色，半重瓣，花瓣 6~10 枚，排成两轮，花梗直立，花径约 4.5~5 厘米。果球形，直径 1.5 厘米，黑红色，表面被霜状蜡质。花期 4 月上中旬，果期 6—10 月。

新疆野苹果

Malus sieversii

科　属：蔷薇科　苹果属

俗　名：塞威氏苹果

最佳观赏期：3—4 月

最佳观赏地：长安校区翱翔极限运动场旁

特征描述：

乔木，树冠宽阔。叶片卵形，边缘具圆钝锯齿，侧脉 4~7 对，下面叶脉显著；叶柄长 1.2~3.5 厘米，具疏生柔毛。花序近伞形，具花 3~6 朵；花梗较粗，长约 1.5 厘米，密被白色绒毛；花直径约 3~3.5 厘米；花瓣倒卵形，长 1.5~2 厘米，基部有短爪，粉色，含苞未放时带玫瑰紫色；雄蕊 20，花柱 5。果实大，球形或扁球形，直径 3~4.5 厘米，黄绿色有红晕，萼片宿存，反折；果梗长 3.5~4 厘米，微被柔毛。花期 5 月，果期 8—10 月。

枇杷

Eriobotrya japonica

科　属：蔷薇科　枇杷属

俗　名：卢桔、卢橘、金丸

最佳观赏期：5 月

最佳观赏地：长安校区星天苑北餐厅、云天苑餐厅

特征描述：

常绿小乔木。叶片革质，披针形或椭圆长圆形，长 12~30 厘米，上部边缘有疏锯齿，基部全缘，上面光亮，多皱，下面密生灰棕色绒毛。圆锥花序顶生，长 10~19 厘米，具多花。果实球形或长圆形，直径 2~5 厘米，黄色或橘黄色，外有锈色柔毛，不久脱落；种子 1~5，球形或扁球形，褐色，光亮，种皮纸质。花期 10—12 月，果期 5—6 月。

平枝栒子

Cotoneaster horizontalis

科　属：蔷薇科　栒子属

俗　名：矮红子、平枝灰栒子、山头姑娘、岩楞子、栒刺木

最佳观赏期：5—6 月

最佳观赏地：长安校区星天苑 A 座

特征描述：

落叶或半常绿匍匐灌木，枝水平开张成整齐两列状。叶片近圆形或宽椭圆形，长 5~14 毫米，全缘，上面无毛，下面有稀疏平贴柔毛；叶柄长 1~3 毫米。花 1~2 朵，直径 5~7 毫米；花瓣直立，倒卵形，长约 4 毫米，粉红色；雄蕊约 12，短于花瓣；花柱常为 3，短于雄蕊。果实近球形，直径 4~6 毫米，鲜红色。花期 5—6 月，果期 9—10 月。

平枝栒子

水栒子

Cotoneaster multiflorus

科　属：蔷薇科　栒子属

俗　名：香李、多花灰栒子、多花栒子、栒子木

特征描述：

落叶灌木。枝条细瘦，红褐色或棕褐色，无毛。叶片卵形或宽卵形，长2~4厘米，先端急尖或圆钝，上面无毛，下面幼时稍有绒毛，后渐脱落；叶柄长3~8毫米。花约5~21朵，成疏松的聚伞花序；花梗长4~6毫米；花直径1~1.2厘米；花瓣平展，近圆形，直径约4~5毫米，白色。果实近球形或倒卵形，直径8毫米，红色。花期5—6月，果期8—9月。

最佳观赏期：5—6月

最佳观赏地：长安校区静悟园

水栒子

鼠李科

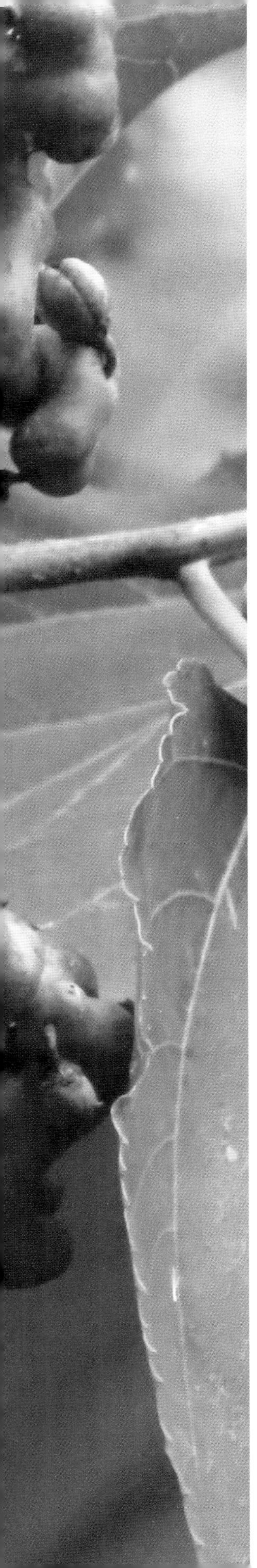

鼠李科 Rhamnaceae

灌木、藤状灌木或乔木，稀草本，通常具刺。单叶互生或近对生，全缘或具齿，具羽状脉，或三至五基出脉。花小，整齐，两性或单性，雌雄异株，常排成聚伞花序、穗状圆锥花序等；萼钟状或筒状，淡黄绿色；花瓣通常较萼片小，极凹，匙形或兜状，或有时无花瓣，着生于花盘边缘下的萼筒上。核果、浆果状核果、蒴果状核果或蒴果，沿腹缝线开裂或不开裂，或有时果实顶端具纵向的翅或具平展的翅状边缘，1 至 4 室，具 2~4 个开裂或不开裂的分核，每分核具 1 种子。

鼠李科约 58 属 900 种以上，我国有 14 属 133 种，西工大校园中有 2 种木本植物。

枳椇

Hovenia acerba

科　属：鼠李科　枳椇属

俗　名：南枳椇、金果梨、鸡爪树、万字果、枸、鸡爪子、拐枣

最佳观赏期：5—8 月

最佳观赏地：长安校区星天苑 D 座

特征描述：

高大乔木。小枝褐色或黑紫色，有明显白色的皮孔。叶互生，厚纸质至纸质，宽卵形、椭圆状卵形或心形，顶端长渐尖或短渐尖，边缘常具整齐浅而钝的细锯齿，上部或近顶端的叶有不明显的齿，稀近全缘；叶柄长 2~5 厘米，无毛。二歧式聚伞圆锥花序，顶生和腋生，被棕色短柔毛；花两性，直径 5~6.5 毫米；花瓣椭圆状匙形。浆果状核果近球形，直径 5~6.5 毫米，无毛，成熟时黄褐色或棕褐色；果序轴明显膨大；种子暗褐色或黑紫色。花期 5—7 月，果期 8—10 月。

枣

Ziziphus jujuba

科　属：鼠李科　枣属

俗　名：老鼠屎、贯枣、枣子树、红枣树、大枣、枣子、枣树

最佳观赏期：8—9 月

最佳观赏地：长安校区教学西楼 C 座、家属院

特征描述：

落叶小乔木，稀灌木。树皮褐色或灰褐色。有长枝，短枝和无芽小枝（即新枝）比长枝光滑，紫红色或灰褐色，呈“之”字形曲折，具 2 个托叶刺，长刺可达 3 厘米，粗直，短刺下弯，长 4~6 毫米。叶纸质，卵形，顶端钝或圆形，稀锐尖，具小尖头，边缘具圆齿状锯齿。花黄绿色，两性；花瓣倒卵圆形；花盘厚，肉质，圆形，5 裂。核果矩圆形或长卵圆形，成熟时红色，后变红紫色，中果皮肉质，味甜，核顶端锐尖，果梗长 2~5 毫米。花期 5—7 月，果期 8—9 月。

枣

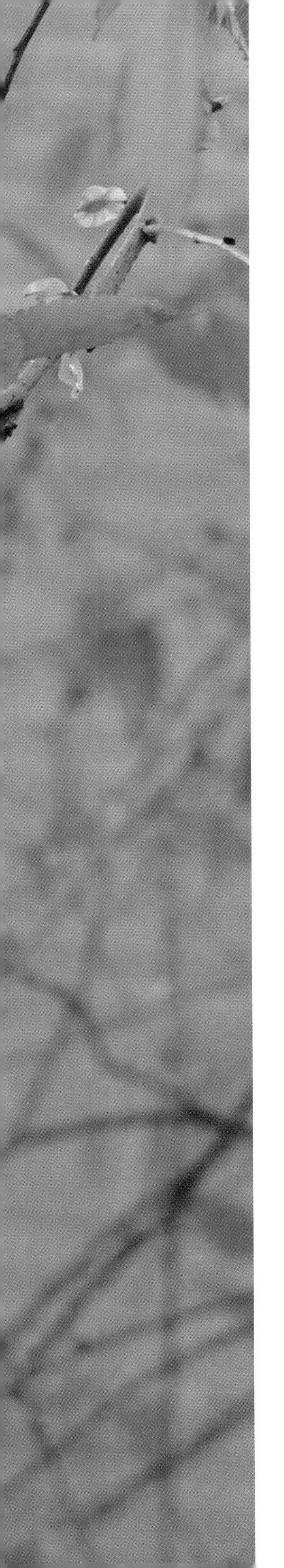

榆科 Ulmaceae

乔木或灌木。芽具鳞片，稀裸露，顶芽通常早死，枝端萎缩成一小距状或瘤状凸起。单叶，常绿或落叶，互生，稀对生，常二列，有锯齿或全缘，羽状脉或基部 3 出脉（即羽状脉的基生 1 对侧脉比较强壮），有柄。单被花两性，稀单性或杂性，雌雄异株或同株，少数或多数排成疏或密的聚伞花序；花被浅裂或深裂，花被裂片常 4~8，覆瓦状（稀镊合状）排列。果为翅果、核果、小坚果，或有时具翅或具附属物，顶端常有宿存的柱头。

榆科有 16 属约 230 种，我国有 8 属 46 种，西工大校园中有 2 种。

榆

Ulmus pumila

科　属：榆科　榆属

俗　名：白榆、家榆、榆树、钻天榆

最佳观赏期：3—6 月

最佳观赏地：长安校区启翔湖、家属院教工活动中心南侧草坪

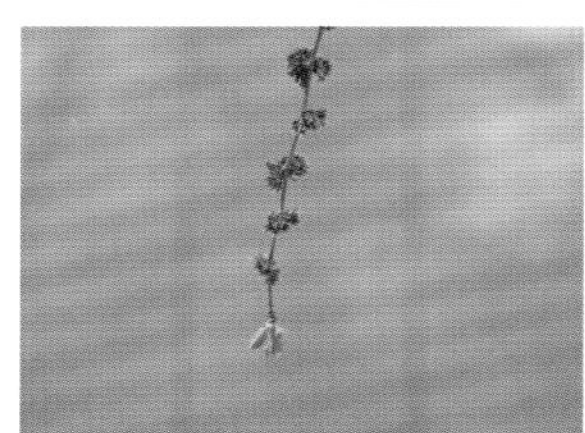

特征描述：

落叶乔木，在干瘠之地长成灌木状。幼树树皮平滑，灰褐色或浅灰色，大树之皮暗灰色，不规则深纵裂，粗糙。小枝无毛或有毛，淡黄灰色、淡褐灰色或灰色。叶椭圆状卵形、长卵形、椭圆状披针形或卵状披针形，叶面平滑无毛，叶背幼时有短柔毛，叶柄长 4~10 毫米，通常仅上面有短柔毛。花先叶开放，在去年生枝的叶腋成簇生状。花果期 3—6 月。

垂枝榆

Ulmus pumila 'Tenue'

科　属：榆科　榆属

最佳观赏期：3—6 月

最佳观赏地：长安校区综合楼南侧

特征描述：

该种是榆的栽培变种。树干上部的主干不明显，分枝较多，树冠伞形；树皮灰白色，较光滑；一至三年生枝下垂而不卷曲或扭曲。

榆

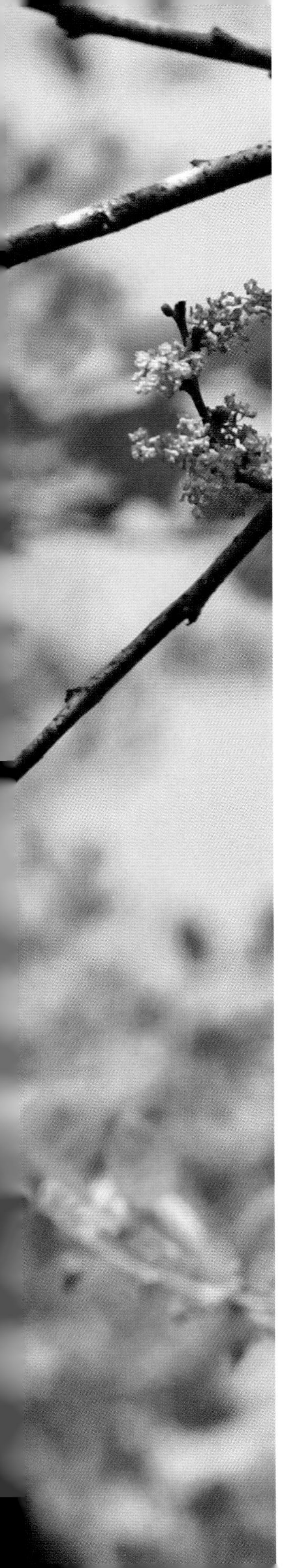

大麻科 Cannabaceae

乔木或灌木，稀为草本或草质藤本。单叶，互生或对生，基部偏斜或对称，羽状脉、基出 3 脉或掌状分裂；托叶早落，有时形成托叶环。单被花，两性或单性，雌雄同株或异株；花被裂片 (0)4~8；雄蕊常与花被裂片同数而对生；子房上位，通常 1 室，胚珠 1 枚，倒生，花柱 2，柱头丝状。果常为核果，稀为瘦果或带翅的坚果。在全球热带和温带地区均有分布。

大麻科有 11 属近 170 种，西工大校园中有 1 种木本植物。

紫弹树

Celtis biondii

科　属：大麻科　朴属

俗　名：异叶紫弹树

特征描述：

落叶小乔木至乔木。树皮暗灰色。当年生小枝幼时黄褐色，至结果时为褐色，有散生皮孔；冬芽黑褐色。叶宽卵形、卵形至卵状椭圆形，薄革质，边稍反卷，上面脉纹多下陷，两面被微糙毛；叶柄长 3~6 毫米，幼时有毛，老后几乎脱净。果序单生叶腋，通常具 2 果，总梗连同果梗长 1~2 厘米；果幼时被疏或密的柔毛，后毛逐渐脱净，黄色至橘红色，近球形，直径约 5 毫米，表面具明显的网孔状。花期 4—5 月，果期 9—10 月。

最佳观赏期：5—9 月

最佳观赏地：长安校区星天苑 G 座、桃李园

紫弹树

桑绢

桑科 Moraceae

乔木或灌木，藤本，稀为草本，通常具乳液。叶互生，稀对生，全缘或具锯齿，分裂或不分裂，叶脉掌状或为羽状。花小，单性，雌雄同株或异株，无花瓣；花序腋生，典型成对，总状，圆锥状，头状，穗状或壶状。果为瘦果或核果状，围以肉质变厚的花被，或藏于其内形成聚花果，或隐藏于壶形花序托内壁形成隐花果，或陷入发达的花序轴内形成大型的聚花果。种子包于内果皮中。

桑科约 53 属 1 400 种，我国有 12 属 153 种，西工大校园中有 5 种木本植物。

桑

Morus alba

科　属：桑科　桑属

俗　名：桑树、家桑、蚕桑

最佳观赏期：4—8 月

最佳观赏地：长安校区图书馆北侧、教学西楼 B 座

特征描述：

乔木或为灌木。树皮厚，灰色，具不规则浅纵裂。叶卵形或广卵形，边缘锯齿粗钝，表面鲜绿色。花单性，腋生或生于芽鳞腋内，与叶同时生出；雄花序下垂，密被白色柔毛，花被片宽椭圆形，淡绿色；雌花无梗，花被片倒卵形，顶端圆钝。聚花果卵状椭圆形，成熟时红色或暗紫色。花期 4—5 月，果期 5—8 月。

垂枝桑

Morus alba 'Pendula'

科　属：桑科　桑属

最佳观赏期：5 月

最佳观赏地：长安校区星天苑 F 座

特征描述：

该种是桑的栽培变种，乔木或灌木。树皮厚，灰色，具不规则浅纵裂。枝有下垂。叶卵形或广卵形，先端急尖、渐尖或圆钝，边缘锯齿粗钝，有时叶为各种分裂；叶柄长 1.5~5.5 厘米，具柔毛。花单性，腋生或生于芽鳞腋内，与叶同时生出；雄花序下垂，长 2~3.5 厘米，密被白色柔毛，花被片宽椭圆形，淡绿色；雌花序长 1~2 厘米，被毛；总花梗长 5~10 毫米被柔毛。聚花果卵状椭圆形，长 1~2.5 厘米，成熟时红色或暗紫色。花期 4—5 月，果期 5—8 月。

鸡桑

Morus australis

科　属：桑科　桑属

俗　名：山桑、小叶桑、裂叶鸡桑、鸡爪叶桑、戟叶桑、细裂叶鸡桑

最佳观赏期：3—5 月

最佳观赏地：长安校区教学西楼 A 座

特征描述：

灌木或小乔木。树皮灰褐色。冬芽大，圆锥状卵圆形。叶卵形，边缘具粗锯齿。雄花序被柔毛，雄花绿色，具短梗，花被片卵形，花药黄色；雌花序球形，密被白色柔毛，雌花，花被片长圆形，暗绿色，花柱很长，柱头 2 裂，内面被柔毛。聚花果短椭圆形，成熟时红色或暗紫色。花期 3—4 月，果期 4—5 月。

构

Broussonetia papyrifera

科　属：桑科　构属

俗　名：毛桃、谷树、谷桑、楮、楮桃、构树

最佳观赏期：4—7 月

最佳观赏地：长安校区静悟园、启真湖，友谊校区诚字楼

特征描述：

乔木。小枝密生柔毛。叶螺旋状排列，卵形，长 6~18 厘米，先端渐尖，边缘具粗锯齿，不分裂或 3~5 裂，表面粗糙，背面密被绒毛；叶柄长 2.5~8 厘米。花雌雄异株：雄花序为柔荑花序，长 3~8 厘米，雄蕊 4，花药近球形；雌花序球形头状。聚花果直径 1.5~3 厘米，成熟时橙红色，肉质；瘦果具等长的柄，外果皮壳质。花期 4—5 月，果期 6—7 月。

无花果

Ficus carica

科　属：桑科　榕属

俗　名：阿驵、红心果

特征描述：

落叶灌木，多分枝。树皮灰褐色，皮孔明显。小枝直立，粗壮。叶互生，厚纸质，广卵圆形，通常 3~5 裂，小裂片卵形，边缘具不规则钝齿，表面粗糙，背面密生细小钟乳体及灰色短柔毛，侧脉 5~7 对；叶柄长 2~5 厘米，粗壮。雌雄异株，雄花和瘿花同生于一榕果内壁，雄花生内壁口部。榕果单生叶腋，大而梨形，直径 3~5 厘米，顶部下陷，成熟时紫红色或黄色，基生苞片 3，卵形；瘦果透镜状。花果期 5—7 月。

最佳观赏期：5—7 月

最佳观赏地：长安校区家属院

无花果

光叶榉

壳斗科 Fagaceae

常绿或落叶乔木，稀灌木。单叶，互生，全缘或齿裂。花单性同株，风媒或虫媒；花被一轮 4~6（8）片。雄花序下垂或直立，整序脱落，由多数单花或小花束，即变态的二歧聚伞花序簇生于花序轴（或总花梗）的顶部呈球状，稀呈圆锥花序；雌花序直立，花单朵散生或数朵聚生成簇，分生于总花序轴上成穗状，有时单或 2~3 花腋生。由总苞发育而成的壳斗脆壳质、木质、角质或木栓质，形状多样，包着坚果底部至全包坚果，开裂或不开裂，每壳斗有坚果 1~3 (5) 个。

壳斗科约 7 属 900 余种，我国有 7 属约 320 种，西工大校园中有 2 种。

栓皮栎

Quercus variabilis

科　属：壳斗科　栎属

俗　名：塔形栓皮栎

最佳观赏期：9—10 月

最佳观赏地：长安校区星天苑 E 座

特征描述：

落叶乔木。树皮黑褐色。小枝灰棕色，无毛。叶片卵状披针形或长椭圆形，顶端渐尖，叶缘具刺芒状锯齿，叶背密被绒毛；叶柄长 1~3 厘米，无毛。雄花序轴密被褐色绒毛，花被 4~6 裂，雄蕊 10 枚或较多；雌花序生于新枝上端叶腋。坚果近球形或宽卵形，顶端圆，果脐突起。花期 3—4 月，果期翌年 9—10 月。

栗

Castanea mollissima

科　属：壳斗科　栗属

俗　名：板栗、栗子、毛栗、油栗

最佳观赏期：8—10 月

最佳观赏地：长安校区静悟园

特征描述：

乔木。小枝灰褐色。叶椭圆至长圆形，长 11~17 厘米，顶部短至渐尖，叶背被星芒状伏贴绒毛或因毛脱落变为几乎无毛；叶柄长 1~2 厘米。雄花序长 10~20 厘米，花序轴被毛；花 3~5 朵聚生成簇。成熟壳斗的锐刺有长有短，有疏有密，壳斗连刺径 4.5~6.5 厘米；坚果高 1.5~3 厘米，宽 1.8~3.5 厘米。花期 4—6 月，果期 8—10 月。

栓皮栎

胡桃科

胡桃科 Juglandaceae

落叶或半常绿乔木或小乔木，具树脂，有芳香。芽裸出或具芽鳞，常 2~3 枚重叠生于叶腋。叶互生或稀对生，无托叶，奇数或稀偶数羽状复叶；小叶对生或互生，具或不具小叶柄，羽状脉，边缘具锯齿或稀全缘。花单性，雌雄同株，风媒。花序单性或稀两性。雄花序常葇荑花序；雌花序穗状，顶生，具少数雌花而直立，或有多数雌花而成下垂的葇荑花序；花被片 2~4 枚。果实成核果状的假核果或坚果状；外果皮肉质或革质或膜质，成熟时不开裂或不规则破裂或 4~9 瓣开裂。种子大形，完全填满果室。

胡桃科有 8 属约 60 余种，我国有 7 属 27 种，西工大校园中有 2 种。

枫杨

Pterocarya stenoptera

科　属：胡桃科　枫杨属

俗　名：麻柳、马尿骚、蜈蚣柳

最佳观赏期：4—5 月

最佳观赏地：长安校区实验大楼西侧、星天苑 H 东侧

特征描述：

大乔木。幼树树皮平滑，浅灰色，老时则深纵裂。叶多为偶数或稀奇数羽状复叶，叶轴具窄翅；小叶多枚，无柄，长椭圆形至长椭圆状披针形。雌性葇荑花序顶生，花序轴密被星芒状毛及单毛，雌花几乎无梗。果序长 20~45 厘米。果实长椭圆形；果翅狭，条形或阔条形，长 12~20 毫米，具近于平行的脉。花期 4—5 月，果期 8—9 月。

胡桃

Juglans regia

科　属：胡桃科　胡桃属

俗　名：核桃

最佳观赏期：4—10 月

最佳观赏地：长安校区星天苑 E 座、友谊校区东图书馆

特征描述：

乔木。树皮幼时灰绿色，老时灰白色，浅纵裂。奇数羽状复叶，小叶椭圆状卵形至长椭圆形。雄性葇荑花序下垂；雄花的苞片、小苞片及花被片均被腺毛；雄蕊 6~30 枚，花药黄色，无毛；雌花的总苞被极短腺毛，柱头浅绿色。果序短，杞俯垂；果实近于球状，无毛。花期 5 月，果期 10 月。

枫杨

卫矛科

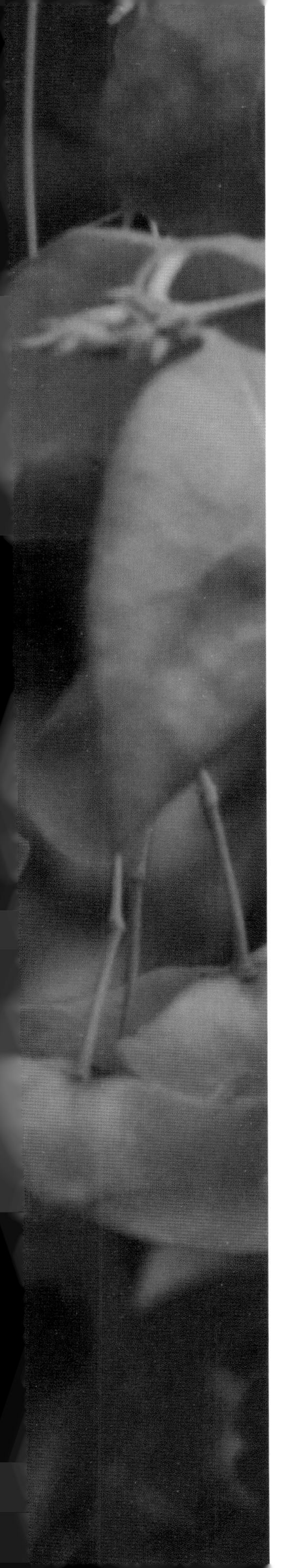

卫矛科 Celastraceae

常绿或落叶乔木、灌木或藤本灌木及匍匐小灌木。单叶对生或互生。花两性或退化为功能性不育的单性花，杂性同株；聚伞花序 1 至多次分枝；花 4~5 数，花萼花冠分化明显，花萼基部通常与花盘合生，花萼分为 4~5 萼片，花冠具 4~5 分离花瓣。多为蒴果，亦有核果、翅果或浆果；种子多少被肉质具色假种皮包围。

卫矛科约 60 属 850 种，我国有 12 属 201 种，西工大校园中有 4 种。

冬青卫矛

Euonymus japonicus

科　属：卫矛科　卫矛属

俗　名：扶芳树、正木

最佳观赏期：5—6 月

最佳观赏地：长安校区数字化大楼、教学东楼 C 座

特征描述：

灌木，小枝四棱，具细微皱突。叶革质，有光泽，倒卵形或椭圆形，长 3~5 厘米，边缘具有浅细钝齿；叶柄长约 1 厘米。聚伞花序 5~12 花，花序梗长 2~5 厘米，小花梗长 3~5 毫米；花白绿色，花瓣近卵圆形。蒴果近球状，直径约 8 毫米，淡红色；种子椭圆状，长约 6 毫米，假种皮橘红色，全包种子。花期 6—7 月，果期 9—10 月。

金边黄杨

Euonymus japonicus 'Aurea-marginatus'

科　属：卫矛科　卫矛属

俗　名：金边冬青卫矛、金边大叶黄杨

最佳观赏期：5—6 月

最佳观赏地：长安校区星天苑 C 座

特征描述：

该种是冬青卫矛的一个栽培品种。常绿灌木。小枝四棱，具细微皱突。叶革质，有光泽，倒卵形或椭圆形；叶柄长约 1 厘米；叶片有较宽的黄色边缘。聚伞花序 5~12 花，花序梗长 2~5 厘米；花白绿色，花瓣近卵圆形。蒴果近球状，直径约 8 毫米，淡红色；种子椭圆状，假种皮橘红色，全包种子。

白杜

Euonymus maackii

科　属：卫矛科　卫矛属

俗　名：丝棉木、桃叶卫矛、明开夜合、丝棉木、华北卫矛

最佳观赏期：9—10月

最佳观赏地：长安校区星天苑G座

特征描述：

小乔木。叶卵状椭圆形，长4~8厘米，边缘具细锯齿；叶柄常为叶片的1/4~1/3。聚伞花序3至多花，花序梗长1~2厘米；花4数，淡白绿色或黄绿色；小花梗长2.5~4毫米；雄蕊花药紫红色，花丝细长。蒴果倒圆心状，4浅裂，长6~8毫米，成熟后果皮粉红色；种子长椭圆状，种皮棕黄色，假种皮橙红色。花期5—6月，果期9月。

陕西卫矛

Euonymus schensianus

科　属：卫矛科　卫矛属

最佳观赏期：10—11月

最佳观赏地：长安校区静悟园、翱翔游泳馆东侧

特征描述：

藤本灌木。枝条稍带灰红色。叶花时薄纸质，果时纸质或稍厚，披针形，或窄长卵形，长4~7厘米，边缘有纤毛状细齿；叶柄细，长3~6毫米。花序长大细柔，多数集生于小枝顶部，形成多花状，每个聚伞花序具一细柔长梗，长4~6厘米；花4数，黄绿色，花瓣常稍带红色。蒴果方形或扁圆形，直径约1厘米；种子黑色或棕褐色，全部被橘黄色假种皮包围。花期4月，果期9—10月。

金丝桃科

金丝桃科 Hypericaceae

单叶，对生或轮生，全缘，常具腺点，无托叶。花两性或单性，辐射对称，单生或排成聚伞花序。雄蕊多数，合成 3 束或多束。子房 2 至多室，稀 1 室，每室有胚珠 1 至多颗；有多数的胚珠生于中轴胎座上。花柱与心皮同数常合生。果实为蒴果或浆果。

金丝桃科约 9 属 560 种，我国有 4 属 68 种，西工大校园中有 2 种。

金丝桃

Hypericum monogynum

科　属：金丝桃科　金丝桃属

俗　名：狗胡花、金线蝴蝶、过路黄

最佳观赏期：5—8 月

最佳观赏地：长安校区自动化学院

特征描述：

灌木。叶对生，无柄或具短柄，叶片倒披针形、椭圆形或长圆形，稀披针形或卵状三角形，具有小尖突。花序近伞房状；萼片椭圆形、披针形或倒披针形；花瓣金黄色至柠檬黄色，三角状倒卵形，雄蕊 5 束，每束有雄蕊 25~35 枚，最长者与花瓣几等长，花药黄至暗橙色。蒴果宽卵珠形，稀卵珠状圆锥形或近球形。花期 5—8 月，果期 8—9 月。

金丝梅

Hypericum patulum

科　属：金丝桃科　金丝桃属

俗　名：土连翘

最佳观赏期：6—7 月

最佳观赏地：长安校区教学东楼 D 座

特征描述：

丛状灌木，茎淡红至橙色，幼时具 4 纵线棱或 4 棱形，很快具 2 纵线棱，有时最后呈圆柱形。叶片披针形或长圆状披针形至卵形或长圆状卵形，边缘平坦，坚纸质，上面绿色，下面较为苍白色。花序伞房状；花瓣金黄色，长圆状倒卵形至宽倒卵形；雄蕊 5 束，长约为花瓣的 2/5~1/2，花药亮黄色。种子深褐色，朔果宽卵珠形。花期 6—7 月，果期 8—10 月。

金丝桃

杨柳科

杨柳科 Salicaceae

落叶乔木或直立、垫状和匍匐灌木。树皮光滑或开裂粗糙，通常味苦，有顶芽或无顶芽；芽由 1 至多数鳞片所包被。单叶互生，稀对生，不分裂或浅裂，全缘，锯齿缘或齿牙缘；托叶鳞片状或叶状，早落或宿存。花单性，雌雄异株，罕有杂性；葇荑花序，直立或下垂，先叶开放，或与叶同时开放，稀叶后开放，花着生于苞片与花序轴间，苞片脱落或宿存。蒴果 2~4(5) 瓣裂。种子微小，种皮薄。

杨柳科有 3 属约 620 种，我国有 3 属约 320 种，西工大校园中有 4 种。

加杨

Populus × canadensis

科　属：杨柳科　杨属

俗　名：加拿大杨

最佳观赏期：7—9 月

最佳观赏地：长安校区教学西楼 D 座前

特征描述：

大乔木。干直，树皮粗厚，深沟裂。叶三角形或三角状卵形，长 7~10 厘米，长枝和萌枝叶较大，长 10~20 厘米，一般长大于宽，先端渐尖，叶边缘有圆锯齿，近基部较疏，具短缘毛，上面暗绿色，下面淡绿色；叶柄侧扁而长，带红色（苗期特明显）。雄花序长 7~15 厘米，花序轴光滑，每花有雄蕊 15~25 (40)；雌花序有花 45~50 朵，柱头 4 裂。果序长可达 27 厘米；蒴果卵圆形，长约 8 毫米，先端锐尖，2~3 瓣裂。花期 4 月，果期 5—6 月。

毛白杨

Populus tomentosa

科　属：杨柳科　杨属

最佳观赏期：5—10 月

最佳观赏地：友谊校区学生区 11 舍前、长安校区星天苑 G 座

特征描述：

乔木。树皮幼时暗灰色，后渐变为灰白色，老时基部黑灰色，纵裂，粗糙，皮孔菱形散生，或 2~4 连生；树冠圆锥形至卵圆形或圆形。短枝叶卵形或三角状卵形，先端渐尖，上面暗绿色有金属光泽，下面光滑，具深波状齿牙缘。雄花苞片约具 10 个尖头，密生长毛，雄蕊 6~12，花药红色；雌花序长 4~7 厘米。果序长达 14 厘米；蒴果圆锥形或长卵形，2 瓣裂。花期 3 月，果期 4—5 月。

垂柳

Salix babylonica

科　属：杨柳科　柳属

俗　名：垂丝柳

最佳观赏期：3—5 月

最佳观赏地：长安校区启翔湖、启真湖

特征描述：

乔木。树皮灰黑色，不规则开裂；枝细，下垂，淡褐黄色或带紫色，无毛。叶狭披针形或线状披针形，上面绿色，下面色较淡，边缘有锯齿。花序先叶开放，或与叶同时开放；雄花序长 1.5~2 (3) 厘米，有短梗，轴有毛；雌花序长达 2~3(5) 厘米，有梗，基部有 3~4 小叶，轴有毛。子房椭圆形，无毛或下部稍有毛，无柄或近无柄，花柱短，柱头 2~4 深裂。蒴果长 3~4 毫米，带绿黄褐色。花期 3—4 月，果期 4—5 月。

旱柳

Salix matsudana

科　属：杨柳科　柳属

最佳观赏期：4—7 月

最佳观赏地：长安校区长安大道两侧

特征描述：

落叶乔木。树冠呈广圆形；树皮暗灰黑色，有裂沟；枝细长，直立或斜展，浅褐黄色或带绿色。叶披针形，上面绿色，无毛，下面苍白色或带白色，幼叶有丝状柔毛。花序与叶同时开放；雄花序圆柱形；雄蕊 2，花药卵形，黄色；雌花序较雄花序短，有 3~5 小叶生于短花序梗上；子房长椭圆形，近无柄，无毛。果序长达 2.5 厘米。花期 4 月，果期 4—5 月。

大戟科

大戟科 Euphorbiaceae

乔木、灌木或草本，稀为木质或草质藤本；木质根，稀为肉质块根；通常无刺；植物体常有乳状汁液，白色，稀为淡红色。叶互生，单叶，稀为复叶；具羽状脉或掌状脉；叶柄长至极短；托叶2。花单性，雌雄同株或异株，单花或组成各式花序，通常为聚伞或总状花序；花瓣有或无；雄蕊1枚至多数；雄花常有退化雌蕊；子房上位，柱头形状多变，常呈头状、线状、流苏状、折扇形或羽状分裂，表面平滑或有小颗粒状凸体，稀被毛或有皮刺。果为蒴果，为浆果状或核果状；种子常有显著种阜。

大戟科约300属5 000种，我国引入栽培的共有约70属460种，西工大校园中有1种木本植物。

毛丹麻秆

Discocleidion rufescens

科　属：大戟科　丹麻秆属

俗　名：假奓包叶

特征描述：

灌木或小乔木。小枝、叶柄、花序均密被白色或淡黄色长柔毛。叶纸质，卵形或卵状椭圆形，顶端渐尖，边缘具锯齿，叶脉上被白色长柔毛；基出脉 3~5 条；叶柄长 3~8 厘米。总状花序或下部多分枝呈圆锥花序，长 15~20 厘米；雄花 3~5 朵簇生于苞腋；雄蕊 35~60 枚，花丝纤细；雌花 1~2 朵生于苞腋。蒴果扁球形，直径 6~8 毫米，被柔毛。花期 4—8 月，果期 8—10 月。

最佳观赏期：5—6 月

最佳观赏地：长安校区家属院菊园

毛丹麻杆

千屈菜纲

千屈菜科 Lythraceae

草本、灌木或乔木。枝通常四棱形。叶对生，全缘。花两性，通常辐射对称，稀左右对称，单生或簇生，或组成顶生或腋生的穗状花序、总状花序或圆锥花序；花瓣与萼裂片同数或无花瓣，雄蕊通常为花瓣的倍数，有时较多或较少，着生于萼筒上，但位于花瓣的下方，花丝长短不在芽时常内折，花药 2 室，纵裂。蒴果革质或膜质，2~6 室，稀 1 室，横裂、瓣裂或不规则开裂，稀不裂。种子多数，形状不一，有翅或无翅。

千屈菜科约 25 属 550 种，我国有 11 属约 47 种，西工大校园中有 2 种木本植物。

紫薇

Lagerstroemia indica

科　属：千屈菜科　紫薇属

俗　名：千日红、无皮树、百日红、西洋水杨梅、蚊子花、紫兰花、紫金花

最佳观赏期：6—9 月

最佳观赏地：长安校区东 1 门、北门

特征描述：

落叶灌木或小乔木。树皮平滑，灰色或灰褐色。叶互生或有时对生，纸质，椭圆形、阔矩圆形或倒卵形。花淡红色或紫色、白色，常组成顶生圆锥花序，花瓣 6，皱缩，具长爪；雄蕊 36~42，外面 6 枚着生于花萼上，比其余的长得多。蒴果椭圆状球形或阔椭圆形，幼时绿色至黄色，成熟时或干燥时呈紫黑色；种子有翅。花期 6—9 月，果期 9—12 月。

石榴

Punica granatum

科　属：千屈菜科　石榴属

俗　名：若榴木、丹若、山力叶、安石榴、花石榴

最佳观赏期：5—6 月、9—10 月

最佳观赏地：长安校区静悟园、教学东楼、云天苑宿舍区，友谊校区西图书馆中心花园

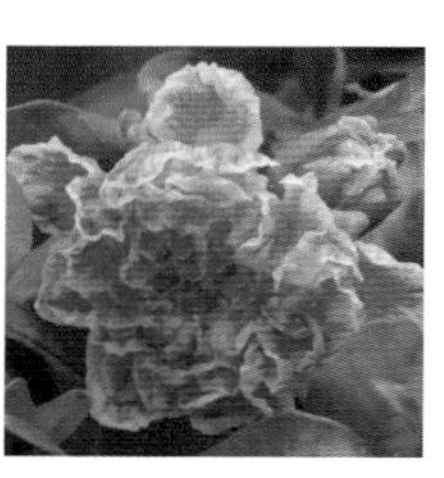

特征描述：

落叶灌木或小乔木。枝顶常成尖锐长刺，幼枝具棱角，无毛，老枝近圆柱形。叶对生或簇生，呈长披针形至长圆形，顶端尖，表面有光泽，背面中脉凸起；有短叶柄。花瓣通常大，红色或淡黄色。浆果近球形，通常淡黄褐色或淡黄绿色，有时白色，稀暗紫色。种子多数，钝角形，红色至乳白色，肉质的外种皮供食用。花期 5—6 月，果期 9—10 月。

石榴

漆树科

漆树科 Anacardiaceae

乔木或灌木，稀为木质藤本或亚灌木状草本。叶互生，稀对生，单叶，掌状三小叶或奇数羽状复叶。花小，辐射对称，两性或多为单性或杂性，排列成顶生或腋生的圆锥花序；通常为双被花；花萼多少合生，3~5 裂，有时呈佛焰苞状撕裂或呈帽状脱落，裂片在芽中覆瓦状或镊合状排列，花后宿存或脱落；花瓣3~5，分离或基部合生。果多为核果，有的花后花托肉质膨大呈棒状或梨形的假果。

漆树科约 60 属 600 余种，我国有 16 属 59 种，西工大校园中有 2 种木本植物。

黄栌

Cotinus coggygria var. *cinereus*

科　属：漆树科　黄栌属

俗　名：灰毛黄栌、红叶

最佳观赏期：9—11 月

最佳观赏地：长安校区海天苑餐厅

特征描述：

该种是欧黄栌的变种。落叶小乔木或灌木，树冠圆形，木质部黄色，树汁有异味。单叶互生，叶片全缘或具齿，叶倒卵形或卵圆形。圆锥花序疏松、顶生，花小；花瓣 5 枚，长卵圆形或卵状披针形，长度为花萼大小的 2 倍；雄蕊 5 枚，着生于环状花盘的下部；花柱 3 枚，分离，柱头小而退化。核果小，绿色。花期 5—6 月，果期 7—8 月。

火炬树

Rhus typhina

科　属：漆树科　盐麸木属

俗　名：鹿角漆、火炬漆、加拿大盐肤木

最佳观赏期：8—9 月

最佳观赏地：长安校区静悟园

特征描述：

落叶灌木或小乔木。小枝粗壮，红褐色，密生绒毛。奇数羽状复叶，小叶 19~23，长椭圆状至披针形，长 5~13 厘米，先端长渐尖，缘有锯齿，上面深绿色，下面苍白色。圆锥花序顶生、密生绒毛，雌雄异株；雌花花柱有红色刺毛。核果深红色，密生绒毛，花柱宿存、密集成火炬形。花期 6—7 月，果期 8—9 月。

火炬树

无患子科

无患子科 Sapindaceae

乔木或灌木，有时为草质或木质藤本。羽状复叶或掌状复叶，互生。聚伞圆锥花序顶生或腋生；花通常小，单性，很少杂性或两性，辐射对称或两侧对称；雄花，萼片4或5，很少6片，离生，覆瓦状排列；雄蕊5~10，通常8，偶有多数；雌花，花被和花盘与雄花相同。果为室背开裂的蒴果，或不开裂而浆果状或核果状，全缘或深裂为分果爿，1~4室。种子每室1颗，很少2或多颗。

无患子科约150属2 000种，我国有25属53种，西工大校园中有10种。

文冠果

Xanthoceras sorbifolium

科　属：无患子科　文冠果属

俗　名：文冠树、木瓜、文冠花、崖木瓜、文光果

最佳观赏期：5—6 月

最佳观赏地：长安校区启翔楼

特征描述：

落叶灌木或小乔木。小枝粗壮，褐红色。叶连柄长 15~30 厘米；小叶 4~8 对，膜质或纸质，披针形或近卵形，长 2.5~6 厘米，宽 1.2~2 厘米，边缘有锐利锯齿，顶生小叶通常 3 深裂；侧脉纤细，两面略凸起。花序先叶抽出或与叶同时抽出，两性花的花序顶生，雄花序腋生，长 12~20 厘米；花梗长 1.2~2 厘米；花瓣白色，基部紫红色或黄色，有清晰的脉纹，长约 2 厘米，宽 7~10 毫米。蒴果长达 6 厘米；种子长达 1.8 厘米，黑色而有光泽。花期春季，果期秋初。

三角槭

Acer buergerianum

科　属：无患子科　槭属

俗　名：三角枫、君范槭、福州槭、宁波三角槭

最佳观赏期：4—8 月

最佳观赏地：长安校区翱翔学生中心广场

特征描述：

落叶乔木。树皮褐色或深褐色，粗糙。小枝细瘦。叶纸质，外貌椭圆形或倒卵形，长 6~10 厘米，通常浅 3 裂，稀全缘；上面深绿色，下面黄绿色或淡绿色。花多数为顶生的伞房花序，开花在叶长大以后；花瓣 5，淡黄色，狭窄披针形或匙状披针形，雄蕊 8；子房密被淡黄色长柔毛，花柱无毛，柱头平展或略反卷。翅果黄褐色；翅与小坚果共长 2~2.5 厘米，张开成锐角或近于直立。花期 4 月，果期 8 月。

茶条槭

Acer tataricum subsp. *ginnala*

科　属：无患子科　槭属

俗　名：华北茶条槭、茶条、茶条枫

最佳观赏期：5 月

最佳观赏地：长安校区桃李园

特征描述：

该种是鞑靼槭的亚种。落叶灌木或小乔木。叶纸质，叶片长圆卵形或长圆椭圆形，长 6~10 厘米，常较深的 3~5 裂；中央裂片锐尖或狭长锐尖，各裂片的边缘均具不整齐的钝尖锯齿，裂片间的凹缺钝尖；上面深绿色，下面淡绿色；叶柄长 4~5 厘米，绿色或紫绿色。伞房花序长 6 厘米，无毛，具多数的花；花梗长 3~5 厘米；花瓣 5，长圆卵形，白色。果实黄绿色或黄褐色；翅连同小坚果长 2.5~3 厘米，宽 8~10 毫米，张开近于直立或成锐角。花期 5 月，果期 10 月。

梣叶槭

Acer negundo

科　属：无患子科　槭属

俗　名：糖槭、白蜡槭、美国槭、复叶槭、羽叶槭

最佳观赏期：9 月

最佳观赏地：友谊校区西安航空馆

特征描述：

落叶乔木。树皮黄褐色或灰褐色。羽状复叶，有 3~7 枚小叶；小叶纸质，卵形或椭圆状披针形，边缘常有 3~5 个粗锯齿，稀全缘，中小叶的小叶柄长 3~4 厘米，侧生小叶的小叶柄长 3~5 毫米；主脉和 5~7 对侧脉均在下面显著；叶柄长 5~7 厘米。雄花的花序聚伞状，雌花的花序总状，均由无叶的小枝旁边生出，常下垂，花小，黄绿色，开于叶前。小坚果凸起，无毛；翅连同小坚果长 3~3.5 厘米。花期 4—5 月，果期 9 月。

鸡爪槭

Acer palmatum

科　属：无患子科　槭属

俗　名：七角枫

最佳观赏期：9—10 月

最佳观赏地：长安校区启真湖，友谊校区航空楼

特征描述：

落叶小乔木。树皮深灰色。小枝细瘦。叶纸质，圆形，直径 7~10 厘米，5~9 掌状分裂，通常 7 裂；上面深绿色，无毛；下面淡绿色。花紫色，杂性，雄花与两性花同株，生于无毛的伞房花序，叶发出以后才开花；花瓣 5；雄蕊 8，无毛，较花瓣略短而藏于其内。翅果嫩时紫红色，成熟时淡棕黄色；小坚果球形，直径 7 毫米。花期 5 月，果期 9 月。

红枫

Acer palmatum 'Atropurpureum'

科　属：无患子科　槭属

俗　名：小鸡爪槭、紫红鸡爪槭

最佳观赏期：5—6 月

最佳观赏地：长安校区启真湖西侧、友谊校区东图书馆

特征描述：

该种是鸡爪槭的栽培变种。落叶小乔木，又叫紫红鸡爪槭。树冠伞形，枝条开张，细弱。单叶对生，近圆形，薄纸质，掌状 7 ~ 9 深裂，裂深常为全叶片的 1/2~1/3，基部心形，裂片卵状长椭圆形至披针形，先端尖，有细锐重锯齿，背面脉腋有白簇毛。伞房花序，萼片暗红色，花瓣紫色。果的两翅开展成钝角。花期 4—5 月，果期 9—10 月。叶片常年红色或紫红色，枝条紫红色。

红花槭

Acer rubrum

科　属：无患子科　槭属

俗　名：美国红枫

最佳观赏期：10—11 月

最佳观赏地：长安校区何尊广场

特征描述：

乔木。茎干光滑无毛，有皮孔。树形呈椭圆形或圆形。叶片手掌状，叶背面是灰绿色。花簇生，红色或淡黄色，小而繁密，先叶开放。果实为翅果，红色。花期 3 月，果期 9—10 月。

元宝槭

Acer truncatum

科　属：无患子科　槭属

俗　名：槭、五脚树、平基槭、元宝树、元宝枫、五角枫、华北五角枫

最佳观赏期：5—9 月

最佳观赏地：长安校区何尊广场西侧、静悟园

特征描述：

落叶乔木。树皮灰褐色或深褐色，深纵裂。小枝无毛，当年生枝绿色，多年生枝灰褐色。叶纸质，常 5 裂，稀 7 裂；裂片三角卵形或披针形，上面深绿色，无毛，下面淡绿色；主脉 5 条。花黄绿色，杂性，雄花与两性花同株，伞房花序；花瓣 5，淡黄色或淡白色；雄蕊 8，花药黄色；翅果嫩时淡绿色，成熟时淡黄色或淡褐色，常成下垂的伞房果序。花期 4 月，果期 8 月。

七叶树

Aesculus chinensis

科　属：无患子科　七叶树属

俗　名：浙江七叶树、日本七叶树

最佳观赏期：4—5 月、10 月

最佳观赏地：长安校区长安大道两侧

特征描述：

落叶乔木。掌状复叶，由 5~7 小叶组成，叶柄长 10~12 厘米，小叶纸质，长圆披针形，长 8~16 厘米，边缘有细锯齿。花序圆筒形，小花序常由 5~10 朵花组成。花杂性，雄花与两性花同株；花瓣 4，白色；雄蕊 6，花药淡黄色。果实球形或倒卵圆形，黄褐色，具很密的斑点，种子近于球形，栗褐色。花期 4—5 月，果期 10 月。

全缘叶栾树

Koelreuteria bipinnata var. *integrifoliola*

科　属：无患子科　栾属

俗　名：图扎拉、巴拉子、山膀胱、黄山栾树

最佳观赏期：9 月下旬—11 月上旬

最佳观赏地：长安校区泰山路两侧，友谊校区出版社

特征描述：

该种是复羽叶栾的变种。落叶乔木或灌木。树皮厚，灰褐色至灰黑色，老时纵裂。一回、不完全二回或偶为二回羽状复叶，无柄或柄极短，对生或互生，纸质，卵形、宽卵形或卵状披针形。聚伞圆锥花序，花淡黄色，稍芳香；花瓣 4，开花时向外反折，线状长圆形。蒴果圆锥形，顶端渐尖，外面有网纹。种子近球形。花期 6—8 月，果期 9—10 月。

全缘叶栾树

芸香科

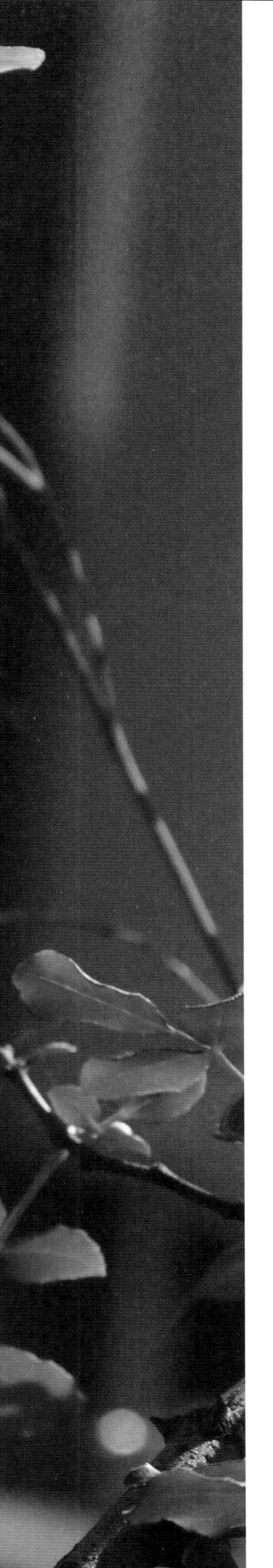

芸香科 Rutaceae

常绿或落叶乔木，灌木或草本，稀攀援性灌木。通常有油点，有或无刺。叶互生或对生。单叶或复叶。花两性或单性，通常辐射对称；聚伞花序，稀总状或穗状花序；萼片 4 或 5；花瓣 4 或 5，离生；雄蕊 4 或 5，或为花瓣数的倍数；雌蕊通常由 4 或 5 个（稀较少或更多）心皮组成，心皮离生或合生。果为蓇葖，蒴果，翅果，核果，或是具革质果皮、或具翼、或果皮稍近肉质的浆果。

芸香科约 150 属 1 600 种，我国连引进栽培的有 28 属约 151 种，西工大校园中有 1 种木本植物。

花椒

Zanthoxylum bungeanum

科　属：芸香科　花椒属

俗　名：蜀椒、秦椒、大椒、椒

特征描述：

落叶小乔木。叶有小叶 5~13 片，小叶对生，无柄，卵形，叶缘有细裂齿，齿缝有油点。茎干上的刺常早落，枝有短刺。花序顶生或生于侧枝之顶，花序轴及花梗密被短柔毛或无毛；花被片 6~8 片，黄绿色，形状及大小大致相同；雄花的雄蕊 5 枚或多至 8 枚；退化雌蕊顶端叉状浅裂；雌花很少有发育雄蕊。果紫红色。花期 4—5 月，果期 8—9 月或 10 月。

最佳观赏期：9 月

最佳观赏地：长安校区家属院竹园

花椒

苦木科

苦木科 Simaroubaceae

落叶或常绿的乔木或灌木。树皮通常有苦味。叶互生，有时对生，通常成羽状复叶，少数单叶。花序腋生，成总状、圆锥状或聚伞花序，很少为穗状花序；花小，辐射对称，单性、杂性或两性；花瓣 3~5；雄蕊与花瓣同数或为花瓣的 2 倍，花柱 2~5，柱头头状。果为翅果、核果或蒴果，一般不开裂。

苦木科约 20 属 120 种，我国有 5 属 11 种，西工大校园中有 1 种。

臭椿

Ailanthus altissima

科　属：苦木科　臭椿属

俗　名：樗、皮黑樗、黑皮樗、黑皮互叶臭椿、南方椿树、椿树、黑皮椿树

特征描述：

落叶乔木。树皮平滑而有直纹。叶为奇数羽状复叶，长 40~60 厘米，叶柄长 7~13 厘米，有小叶 13~27，小叶对生或近对生，纸质，卵状披针形，长 7~13 厘米。圆锥花序长 10~30 厘米，花淡绿色，花瓣 5，雄蕊 10。翅果长椭圆形；种子位于翅的中间，扁圆形。花期 4—5 月，果期 8—10 月。

最佳观赏期：4—5 月

最佳观赏地：长安校区数字化大楼

臭椿

精解

楝科 Meliaceae

乔木或灌木，稀为亚灌木。叶互生，通常羽状复叶，很少3小叶或单叶；小叶对生或互生，很少有锯齿。花两性或杂性异株，通常组成圆锥花序；花瓣4~5，雄蕊4~10，花柱单生或缺。果为蒴果、浆果或核果，开裂或不开裂；果皮革质、木质或很少肉质。

楝科约50属1 400种，我国有15属62种，西工大校园中有2种。

香椿

Toona sinensis

科　属：楝科　香椿属

俗　名：毛椿、椿芽、春甜树、春阳树、椿、毛椿、湖北香椿、陕西香椿

最佳观赏期：5—9 月

最佳观赏地：长安校区力学与土木建筑学院

特征描述：

乔木。树皮粗糙，深褐色，片状脱落。叶具长柄，偶数羽状复叶，小叶对生或互生，纸质，卵状披针形或卵状长椭圆形，边全缘或有疏离的小锯齿，背面常呈粉绿色。圆锥花序与叶等长，被稀疏锈色短柔毛，小聚伞花序生于短的小枝上，多花。蒴果狭椭圆形，深褐色，有小而苍白色的皮孔；种子上端有膜质的长翅，下端无翅。花期 6—8 月，果期 10—12 月。

楝

Melia azedarach

科　属：楝科　楝属

俗　名：苦楝树、金铃子、川楝子、森树、紫花树、楝树、苦楝、川楝

最佳观赏期：4—5 月

最佳观赏地：长安校区理学院、黄河路

特征描述：

落叶乔木。树皮灰褐色，纵裂。叶为奇数羽状复叶，小叶对生，卵形、椭圆形至披针形，顶生一片通常略大。圆锥花序约与叶等长；花芳香；花萼 5 深裂，裂片卵形或长圆状卵形；花瓣淡紫色，倒卵状匙形；雄蕊管紫色，花药 10 枚。核果球形至椭圆形，内果皮木质，4~5 室，每室有种子 1 颗，种子椭圆形。花期 4—5 月，果期 10—12 月。

楝

錦葵科

锦葵科 Malvaceae

草本、灌木至乔木。叶互生，单叶或分裂，叶脉通常掌状，具托叶。花腋生或顶生，单生、簇生、聚伞花序至圆锥花序；花两性，辐射对称；萼片 3~5 片，分离或合生；花瓣 5 片，彼此分离；雄蕊多数，连合成一管称雄蕊柱，花粉被刺。蒴果，常几枚果爿分裂，很少浆果状。种子肾形或倒卵形，被毛至光滑无毛。

锦葵科约 50 属 1 000 种，我国有 16 属 81 种，西工大校园中有 4 种木本植物。

梧桐

Firmiana simplex

科　属：锦葵科　梧桐属

俗　名：青桐

最佳观赏期：5—10 月

最佳观赏地：长安校区星天苑操场、友谊校区留学生公寓

特征描述：

落叶乔木。树皮青绿色，平滑。叶心形，掌状 3~5 裂，直径 15~30 厘米，裂片三角形，顶端渐尖，基部心形，两面均无毛或略被短柔毛，基生脉 7 条，叶柄与叶片等长。圆锥花序顶生，长约 20~50 厘米，花淡黄绿色；萼 5 深裂几至基部；花梗与花几等长。蓇葖果膜质，有柄，成熟前开裂成叶状，长 6~11 厘米，外面被短茸毛或几无毛，每蓇葖果有种子 2~4 个，种子圆球形。花期 6 月。

木芙蓉

Hibiscus mutabilis

科　属：锦葵科　木槿属

俗　名：酒醉芙蓉、芙蓉花、重瓣木芙蓉

最佳观赏期：8—10 月

最佳观赏地：友谊校区学生区 11 舍旁

特征描述：

落叶灌木或小乔木。小枝、叶柄、花梗和花萼均密被星状毛与直毛相混的细绵毛。叶宽卵形至圆卵形或心形，常 5~7 裂，裂片三角形，具钝圆锯齿；主脉 7~11 条；叶柄长 5~20 厘米。花单生于枝端叶腋间，花梗长约 5~8 厘米，近端具节；花初开时白色或淡红色，后变深红色，直径约 8 厘米，花瓣近圆形，直径 4~5 厘米，外面被毛。蒴果扁球形，直径约 2.5 厘米，被淡黄色刚毛和绵毛，开裂成 5 果爿。种子肾形，背面被长柔毛。花期 8—10 月。

木芙蓉

木槿

Hibiscus syriacus

科　属：锦葵科　木槿属

俗　名：喇叭花、朝天暮落花、荆条、木棉、白花木槿、朝开暮落花

最佳观赏期：7—10 月

最佳观赏地：长安校区静悟园、友谊校区东图书馆

特征描述：

落叶灌木。小枝密被黄色星状绒毛。叶菱形至三角状卵形，基部楔形，边缘具不整齐齿缺。花单生于枝端叶腋间，花钟形，淡紫色，花瓣倒卵形，雄蕊柱长约 3 厘米，花柱枝无毛。蒴果卵圆形，密被黄色星状绒毛。种子肾形，背部被黄白色长柔毛。花期 7—10 月。

粉紫重瓣木槿

Hibiscus syriacus* var. *amplissimus

科　属：锦葵科　木槿属

最佳观赏期：7—9 月

最佳观赏地：友谊校区东图书馆

特征描述：

该种是木槿的变种。落叶灌木。花为粉紫色，花瓣内面基部洋红色。花期 7—10 月。

木槿

瑞香科

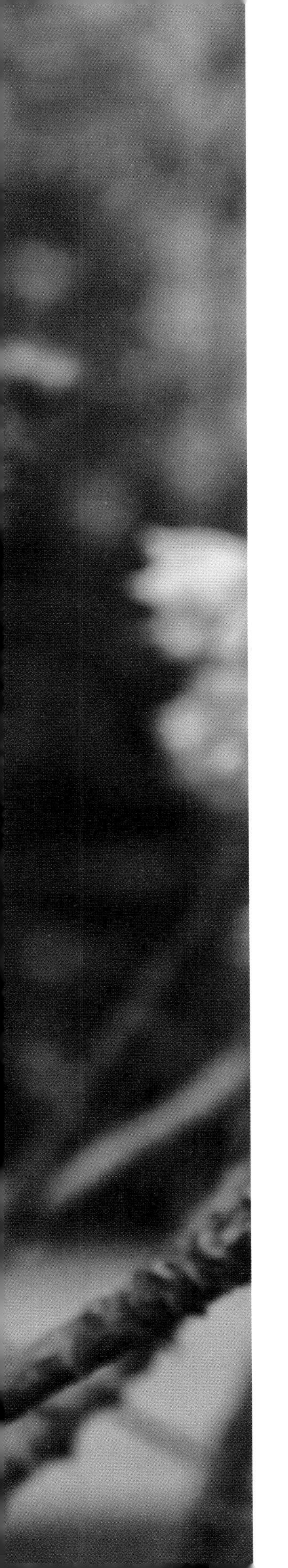

瑞香科 Thymelaeaceae

落叶或常绿灌木或小乔木，稀草本。茎通常具韧皮纤维。单叶互生或对生，革质或纸质，稀草质，边缘全缘，羽状叶脉，具短叶柄。花辐射对称，两性或单性，雌雄同株或异株，头状、穗状、总状、圆锥或伞形花序，顶生或腋生；花萼通常为花冠状，白色、黄色或淡绿色，常连合成钟状、漏斗状、筒状的萼筒，外面被毛或无毛；雄蕊通常为萼裂片的 2 倍或同数，花药卵形、长圆形或线形。浆果、核果或坚果，稀为 2 瓣开裂的蒴果，果皮膜质、革质、木质或肉质。

瑞香科约 48 属 650 种以上，我国有约 10 属 100 种，西工大校园中有 1 种木本植物。

结香

Edgeworthia chrysantha

科　属：瑞香科　结香属

俗　名：岩泽兰、三桠皮、三叉树、蒙花、山棉皮、雪花皮、梦花、雪里开

特征描述：

灌木。小枝粗壮，褐色，常作三叉分枝。叶在花前凋落，长圆形，披针形至倒披针形，先端短尖，长8~20 厘米，两面均被银灰色绢状毛。头状花序顶生或侧生，具花 30~50 朵，成绒球状；花序梗长 1~2 厘米；花芳香，无梗；雄蕊 8，花丝短，花药近卵形。果椭圆形，绿色，长约 8 毫米，顶端被毛。花期冬末春初，果期春夏间。

最佳观赏期：12 月—翌年 1 月

最佳观赏地：长安校区启翔湖

结香

柽柳科

柽柳科 Tamaricaceae

灌木、半灌木或乔木。叶小，多呈鳞片状，互生，无托叶，通常无叶柄。花通常集成总状花序或圆锥花序，稀单生，通常两性，整齐；花萼 4~5 深裂，宿存；花瓣 4~5，分离，花后脱落或有时宿存；雄蕊 4、5 或多数，常分离，着生在花盘上，稀基部结合成束或连合到中部成筒，花药 2 室，纵裂；雌蕊 1，花柱短，通常 3~5，分离，有时结合。蒴果，圆锥形，室背开裂。

柽柳科有 3 属约 110 种，我国有 3 属 32 种，西工大校园中有 1 种。

柽柳

Tamarix chinensis

科　属：柽柳科　柽柳属

俗　名：西河柳、三春柳、红柳、香松

特征描述：

乔木或灌木。叶鲜绿色，长 1.5~1.8 毫米，稍开展，基部背面有龙骨状隆起，常呈薄膜质。每年开花两三次。每年春季开花，总状花序侧生在去年生木质化的小枝上，长 3~6 厘米，花大而少；花瓣 5，粉红色，通常卵状椭圆形或椭圆状倒卵形；花盘 5 裂，紫红色，肉质；雄蕊 5，长于或略长于花瓣。蒴果圆锥形。每年夏、秋季开花，总状花序长 3~5 厘米，较春生者细，生于当年生幼枝顶端，组成顶生大圆锥花序，疏松而通常下弯；花 5 出，较春季者略小，密生；花萼三角状卵形；花瓣粉红色，远比花萼长；花盘 5 裂。花期 4—9 月。

最佳观赏期：3—10 月

最佳观赏地：友谊校区毅字楼西南角

柽柳

紫茉莉科

紫茉莉科 Nyctaginaceae

草本、灌木或乔木，有时为具刺藤状灌木。单叶，对生、互生或假轮生，全缘，具柄。花辐射对称，两性，稀单性或杂性；单生、簇生或成聚伞花序、伞形花序；常具苞片或小苞片，有的苞片色彩鲜艳；花被单层，常为花冠状，圆筒形或漏斗状，有时钟形，下部合生成管，顶端 5~10 裂，宿存；雄蕊 1 至多数，通常 3~5，花柱单一，柱头球形，不分裂或分裂。瘦果状掺花果包在宿存花被内，有棱或槽，有时具翅。

紫茉莉科约 30 属 300 种，我国有 7 属 11 种，西工大校园中有 1 种木本植物。

光叶子花

Bougainvillea glabra

科　属：紫茉莉科　叶子花属

俗　名：三角梅、紫亚兰、紫三角、三角花、小叶九重葛、簕杜鹃、宝巾

特征描述：

藤状灌木。茎粗壮；刺腋生，长 5~15 毫米。叶片纸质，卵形或卵状披针形，顶端急尖或渐尖；叶柄长 1 厘米。花顶生枝端的 3 个苞片内，花梗与苞片中脉贴生，每个苞片上生 1 朵花；苞片叶状，紫色或洋红色，长圆形或椭圆形，长 2.5~3.5 厘米，纸质；雄蕊 6~8；花柱侧生，线形，边缘扩展成薄片状，柱头尖；花盘基部合生呈环状，上部撕裂状。花期冬春间（广州、海南、昆明），北方温室栽培 3—7 月开花。

最佳观赏期：4—5 月

最佳观赏地：长安校区家属院竹园

光叶子花

绣球科

绣球科 Hydrangeaceae

灌木或草本，稀小乔木或藤本。单叶，对生或互生，稀轮生，常有锯齿，稀全缘，羽状脉或基脉 3~5 出；无托叶。花两性或杂性异株，有时具不育放射花；总状花序、伞房状或圆锥状复聚伞花序，顶生；稀单花；萼筒与子房合生，稀分离，萼裂片 4~5(8~10)，绿色；花瓣 4~5(8~10)，分离，多白色；雄蕊 4 至多数，雌蕊具 2~5(10) 心皮，花柱 1~7，分离或连合。果为蒴果，室背或顶部开裂，稀浆果。种子多数，细小。

绣球科约 17 属 190 种，我国有 11 属 125 种，西工大校园中有 1 种木本植物。

绣球

Hydrangea macrophylla

科　属：绣球科　绣球属

俗　名：八仙花、紫阳花

特征描述：

灌木。茎常于基部发出多数放射枝而形成一圆形灌丛。枝圆柱形，粗壮，紫灰色至淡灰色，具少数长形皮孔。叶纸质或近革质，倒卵形或阔椭圆形，边缘于基部以上具粗齿；侧脉 6~8 对；叶柄粗壮，长 1~3.5 厘米。伞房状聚伞花序近球形，直径 8~20 厘米，具短的总花梗，花密集，多数不育；孕性花极少数，具 2~4 毫米长的花梗；花瓣长圆形，长 3~3.5 毫米；雄蕊 10 枚；子房大半下位，花柱 3。蒴果未成熟，长陀螺状。花期 6—8 月。

最佳观赏期：4—5 月

最佳观赏地：长安校区家属院

绣球

山茱萸科

山茱萸科 Cornaceae

落叶乔木或灌木，稀常绿或草木。单叶对生，通常叶脉羽状，边缘全缘或有锯齿；无托叶或托叶纤毛状。花两性或单性异株，为圆锥、聚伞、伞形或头状等花序，有苞片或总苞片；花 3~5 数，花瓣 3~5，通常白色，也有稀黄色、绿色及紫红色，镊合状或覆瓦状排列；雄蕊与花瓣同数而与之互生，生于花盘的基部；花柱短或稍长，柱头头状或截形，有时有 2~3(5) 裂片。果为核果或浆果状核果；核骨质，稀木质。种子 1~4(5) 枚。

山茱萸科有 15 属约 119 种，我国有 9 属约 60 种，西工大校园中有 1 种。

红瑞木

Cornus alba

科　属：山茱萸科　山茱萸属

俗　名：凉子木、红瑞山茱萸

特征描述：

灌木。树皮紫红色。幼枝有淡白色短柔毛，老枝红白色。叶对生，纸质，椭圆形，稀卵圆形，侧脉 4~5(6) 对。伞房状聚伞花序顶生，被白色短柔毛；总花梗圆柱形，长 1.1~2.2 厘米，被淡白色短柔毛；花小，白色或淡黄白色，长 5~6 毫米；花瓣 4，卵状椭圆形；雄蕊 4，着生于花盘外侧。核果长圆形，微扁，直径 5.5~6 毫米，成熟时乳白色或蓝白色，花柱宿存；核棱形，每侧有脉纹 3 条。花期 6—7 月，果期 8—10 月。

最佳观赏期：6—10 月

最佳观赏地：长安校区启翔楼

红瑞木

柿

柿科 Ebenaceae

乔木或直立灌木，少数有枝刺。叶为单叶，互生，排成二列，全缘，具羽状叶脉。花多半单生，通常雌雄异株，或为杂性，雌花腋生，单生，雄花常生在小聚伞花序上，或簇生，或为单生，整齐；花萼 3~7 裂，在雌花或两性花中宿存，常在果时增大，裂片在花蕾中镊合状或覆瓦状排列，花冠 3~7 裂，早落，裂片旋转排列，很少覆瓦状排列或镊合状排列。浆果多肉质。

柿科有 3 属约 500 种，我国有 1 属约 57 种，西工大校园中有 2 种。

柿

Diospyros kaki

科　属：柿科　柿属

俗　名：柿子

最佳观赏期：10 月

最佳观赏地：友谊校区诚字楼东、北、西侧，
长安校区静悟园

特征描述：

落叶大乔木。树皮深灰色至灰黑色。枝开展，散生纵裂的长圆形或狭长圆形皮孔。叶纸质，叶柄长 8~20 毫米。花雌雄异株，但间或有雄株中有少数雌花，雌株中有少数雄花的，花序腋生，为聚伞花序；雄花序有花 3~5 朵，通常 3 朵；雄花小，长 5~10 毫米；花冠钟状，黄白色，4 裂；雌花单生叶腋，花萼绿色，花冠淡黄白色或黄白色而带紫红色。果形有多种，直径 3.5~8.5 厘米不等，果肉较脆硬，老熟时果肉变成柔软多汁，呈橙红色或大红色等，有种子数颗。种子褐色，侧扁。花期 5—6 月，果期 9—10 月。

野柿

Diospyros kaki **var.** ***silvestris***

科　属：柿科　柿属

俗　名：油柿、山柿

最佳观赏期：5—6 月

最佳观赏地：长安校区静悟园

特征描述：

该种是柿的变种，山野自生柿树。落叶乔木。小枝及叶柄密被黄褐色柔毛。叶椭圆状卵形，较栽培柿树的叶小，先端短尖，基部宽楔形或近圆形，下面淡绿色，有褐色柔毛。叶柄长 1~1.5 厘米。花雌雄异株或同株，雄花成短聚伞花序，雌花单生叶腋，花冠白色。果实直径不超过 5 厘米。花期 5—6 月，果期 9—10 月。

柿

山茶科

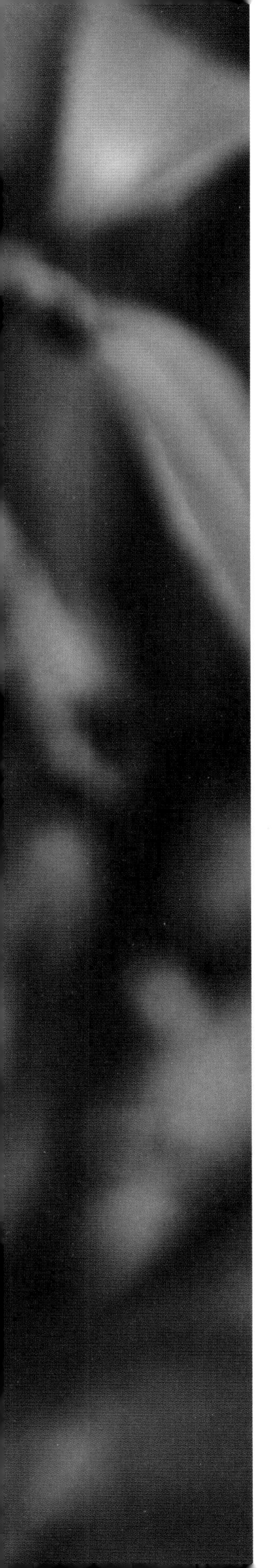

山茶科 Theaceae

乔木或灌木。叶革质，常绿或半常绿，互生，羽状脉，全缘或有锯齿，具柄，无托叶。花两性，稀雌雄异株，单生或数花簇生，有柄或无柄；萼片 5 至多片，脱落或宿存；花瓣 5 至多片，基部连生，白色，或红色及黄色；雄蕊多数，排成多列，稀为 4~5 数，花丝分离或基部合生。果为蒴果，或不分裂的核果及浆果状。种子圆形，多角形或扁平，有时具翅。

山茶科约 36 属 700 种，我国有 15 属 480 余种，西工大校园中有 1 种。

茶梅

Camellia sasanqua

科　属：山茶科　山茶属

特征描述：

小乔木，嫩枝有毛。叶革质，椭圆形，长 3~5 厘米，先端短尖，上面干后深绿色，发亮，下面褐绿色，无毛，侧脉 5~6 对，网脉不显著；边缘有细锯齿，叶柄长 4~6 毫米。花大小不一，直径 4~7 厘米；花瓣 6~7 片，红色，阔倒卵形。蒴果球形。种子褐色，无毛。花期 10 月—翌年 2 月，果期翌年 10 月。

最佳观赏期：5—6 月

最佳观赏地：长安校区教学东楼西侧、家属院

茶梅

杜鹃花

杜鹃花科 Ericaceae

木本植物，灌木或乔木。体型小至大；地生或附生；通常常绿，少有半常绿或落叶。叶革质，少有纸质，互生，极少假轮生，全缘或有锯齿，不分裂；不具托叶。花单生或组成总状、圆锥状或伞形总状花序，顶生或腋生，两性，辐射对称或略两侧对称；具苞片；花萼 4~5 裂，宿存；花瓣合生成钟状、坛状、漏斗状或高脚碟状，稀离生，花冠通常 5 裂；花盘盘状。蒴果或浆果，少有浆果状蒴果。种子小，粒状或锯屑状，无翅或有狭翅，或两端具伸长的尾状附属物。

杜鹃花科约 103 属 3 350 种，我国有 15 属约 757 种，西工大校园中有 2 种。

白花杜鹃

Rhododendron mucronatum

科　属：杜鹃花科　杜鹃花属

俗　名：白杜鹃、尖叶杜鹃

最佳观赏期：4—5 月

最佳观赏地：长安校区家属院竹园

特征描述：

半常绿灌木。幼枝密被灰褐色开展的长柔毛。叶纸质，披针形，先端钝尖至圆形，上面深绿色，中脉、侧脉及细脉在上面凹陷，在下面凸出或明显可见；叶柄长 2~4 毫米。伞形花序顶生，具花 1~3 朵；花梗长达 1.5 厘米；花萼绿色，裂片 5，长 1.2 厘米；花冠白色，有时淡红色，阔漏斗形，5 深裂，裂片椭圆状卵形，无毛，也无紫斑；雄蕊 10；花柱伸出花冠外很长，无毛。蒴果圆锥状卵球形，长约 1 厘米。花期 4—5 月，果期 6—7 月。

锦绣杜鹃

Rhododendron × pulchrum

科　属：杜鹃花科　杜鹃花属

俗　名：毛鹃、毛杜鹃、紫鹃、春鹃、鲜艳杜鹃、毛叶杜鹃、鳞艳杜鹃

最佳观赏期：4—5 月

最佳观赏地：长安校区家属院竹园

特征描述：

半常绿灌木。幼枝密被淡棕色扁平糙伏毛。叶椭圆形或椭圆披针形，先端钝尖，上面深绿色，初时被伏毛，后近无毛，下面被微柔毛及糙伏毛；叶柄长 3~6 毫米，密被糙伏毛。伞形花序顶生，有花 1~5 朵；花梗长 0.8~1.5 厘米，密被淡黄褐色长柔毛；花萼 5 裂；花冠阔漏斗形，长 4.8~5.2 厘米，玫瑰紫色，有深红色斑点，5 裂；雄蕊 10；子房被毛状糙伏毛，花柱无毛。蒴果长圆状卵圆形，长约 1 厘米，被刚毛状糙伏毛，花萼宿存。花期 4—5 月，果期 9—10 月。

锦绣杜鹃

杜仲

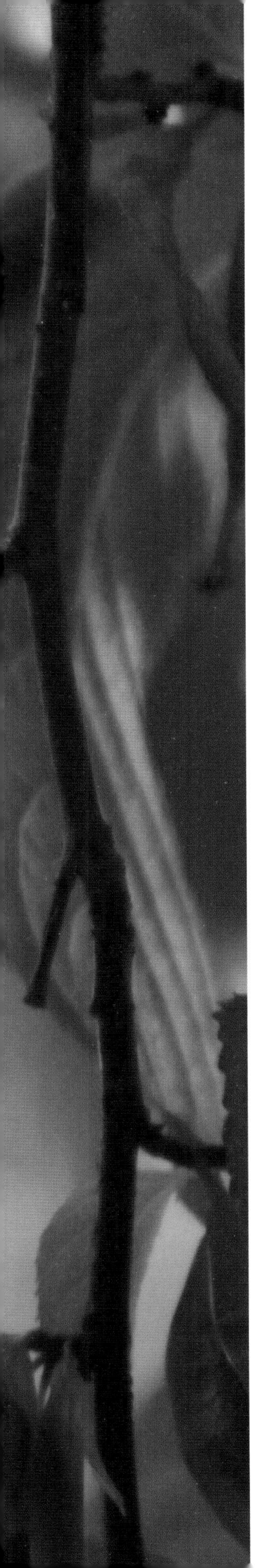

杜仲科 Eucommiaceae

落叶乔木。叶互生，单叶，具羽状脉，边缘有锯齿，具柄，无托叶。花雌雄异株，无花被，先叶开放或与新叶同时从鳞芽长出；雄花簇生，有短柄；雄蕊 5~10 个，线形，花丝极短；雌花单生于小枝下部，有苞片，具短花梗，子房 1 室，柱头位于裂口内侧，先端反折，胚珠 2 个，并立、倒生，下垂。果为不开裂，扁平，长椭圆形的翅果先端 2 裂，果皮薄革质，果梗极短。种子 1 个，垂生于顶端；外种皮膜质。

杜仲科仅 1 属 1 种，中国特有，分布在华中、华西、西南及西北各地，现广泛栽培。

杜仲

Eucommia ulmoides

科　属：杜仲科　杜仲属

特征描述：

落叶乔木。树皮灰褐色，粗糙，内含橡胶，折断拉开有多数细丝。叶椭圆形，薄革质，长 6~15 厘米，上面暗绿色，下面淡绿，边缘有锯齿，叶柄长 1~2 厘米。花生于当年枝基部；雄蕊长约 1 厘米，花丝长约 1 毫米；雌花单生，花梗长 8 毫米。翅果长椭圆形，长 3~3.5 厘米。种子扁平，线形，长 1.4~1.5 厘米。早春开花，秋后果实成熟。

最佳观赏期：5—6 月

最佳观赏地：长安校区长江路南侧、教学西楼 D 座

杜仲

丝缨花科

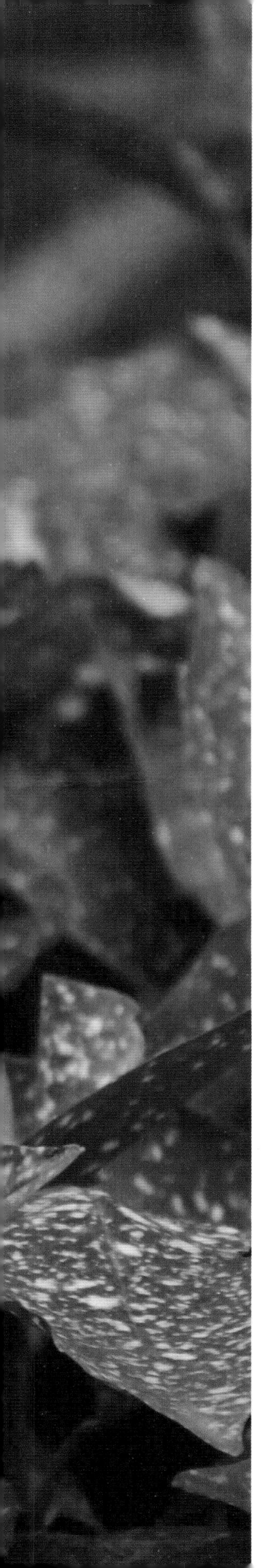

丝缨花科 Garryaceae

叶片一般为对生或互生，通常具有长柄，叶片形态多样，可为椭圆形、心形、卵形等。花通常为两性花，有时也会分离为雌雄异株。花序通常为聚伞花序或腋生花序。果实一般为蒴果或浆果。

丝缨花科有 2 属约 27 种，西工大校园中有 1 种。

花叶青木

Aucuba japonica var. *variegata*

科　属：丝缨花科　桃叶珊瑚属

俗　名：洒金珊瑚、洒金日本珊瑚、洒金东瀛珊瑚、洒金桃叶珊瑚

特征描述：

该种是青木的变种。常绿灌木。枝、叶对生。叶革质，叶片卵状椭圆形或长椭圆形，叶面光亮，具黄色斑纹，叶柄腹部具沟，无毛。圆锥花序顶生；雌花序为短圆锥花序；花瓣紫红色或暗紫色，雄花花萼杯状，雌花子房疏被柔毛，柱头偏斜。浆果长卵圆形，成熟时暗紫色或黑色。花期 3—4 月，果期至翌年 4 月。

最佳观赏期：5—6 月

最佳观赏地：长安校区星天苑 C 座南侧、星天苑 B 座北侧

花叶青木

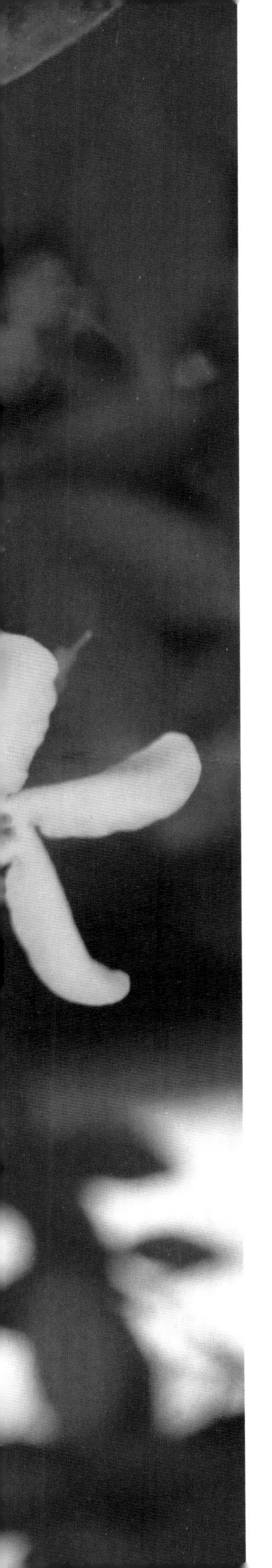

夹竹桃科 Apocynaceae

乔木，直立灌木或木质藤木，也有多年生草本；具乳汁或水液。单叶对生、轮生，全缘，羽状脉。花两性，辐射对称，单生或多杂组成聚伞花序，顶生或腋生；花萼裂片 5 枚，稀 4 枚，基部合生成筒状或钟状；花冠合瓣，高脚碟状、漏斗状、坛状、钟状、盆状稀辐状，裂片 5 枚；雄蕊 5 枚，着生在花冠筒上或花冠喉部，花丝分离，花药长圆形或箭头状；花粉颗粒状；花盘环状、杯状或成舌状；子房上位；花柱 1 枚。果为浆果、核果、蒴果或蓇葖；种子通常一端被毛。

夹竹桃科约 250 属 2 000 余种，我国有 46 属 176 种，西工大校园中有 2 种木本植物。

夹竹桃

Nerium oleander

科　属：夹竹桃科　夹竹桃属

俗　名：红花夹竹桃、欧洲夹竹桃

最佳观赏期：5—6 月

最佳观赏地：长安校区家属院

特征描述：

常绿直立大灌木。枝条灰绿色，含水液；嫩枝条具棱，被微毛，老时毛脱落。叶 3 片轮生，稀对生，革质，窄椭圆状披针形，长 11~15 厘米；侧脉达 120 对，平行。聚伞花序组成伞房状顶生；花芳香；花冠漏斗状，紫红色、粉红色、橙红色、黄色或白色，单瓣或重瓣，花冠筒长 1.2~2.2 厘米，喉部宽大；副花冠顶端撕裂。蓇葖果 2，离生，长圆形，长 12~23 厘米。种子长圆形。花期几乎全年。

络石

Trachelospermum jasminoides

科　属：夹竹桃科　络石属

俗　名：万字茉莉、络石藤、风车藤、花叶络石、三色络石

最佳观赏期：5 月

最佳观赏地：长安校区家属院

特征描述：

常绿木质藤本，具乳汁。茎赤褐色。小枝被黄色柔毛。叶革质或近革质，椭圆形至卵状椭圆形。二歧聚伞花序腋生或顶生，花多朵组成圆锥状，与叶等长或较长；花白色，芳香；总花梗长 2~5 厘米；雄蕊着生在花冠筒中部，花药箭头状；子房由 2 个离生心皮组成，花柱圆柱状，柱头卵圆形，顶端全缘。蓇葖双生，叉开，线状披针形，向先端渐尖，长 10~20 厘米，宽 3~10 毫米；种子多颗，褐色，线形。花期 3—7 月，果期 7—12 月。

络石

木犀科

木樨科 Oleaceae

乔木，直立或藤状灌木。叶对生，稀互生或轮生，单叶、三出复叶或羽状复叶，稀羽状分裂，全缘或具齿，具叶柄。花辐射对称，两性，稀单性或杂性，雌雄同株、异株或杂性异株，通常聚伞花序排列成圆锥花序，顶生或腋生，或聚伞花序簇生于叶腋；花冠 4 裂；雄蕊 2 枚，稀 4 枚。果为翅果、蒴果、核果、浆果或浆果状核果。

木樨科约 27 属 400 余种，我国有 12 属 178 种，西工大校园中有 14 种。

连翘

Forsythia suspensa

科　属：木樨科　连翘属

俗　名：毛连翘

最佳观赏期：3—4 月

最佳观赏地：长安校区静悟园

特征描述：

落叶灌木。枝开展或下垂，棕色、棕褐色或淡黄褐色，小枝土黄色或灰褐色，略呈四棱形，疏生皮孔，节间中空，节部具实心髓。叶通常为单叶或 3 裂至三出复叶，叶片卵形、宽卵形或椭圆状卵形至椭圆形，叶缘除基部外具锐锯齿或粗锯齿，两面无毛；叶柄长 0.8~1.5 厘米，无毛。花通常单生或 2 至数朵着生于叶腋，先于叶开放；花梗长 5~6 毫米；花萼绿色，裂片长圆形或长圆状椭圆形；花冠黄色，裂片倒卵状长圆形或长圆形，长 1.2~2 厘米。果卵球形、卵状椭圆形或长椭圆形。花期 3—4 月，果期 7—9 月。

金钟花

Forsythia viridissima

科　属：木樨科　连翘属

俗　名：连翘、黄金条

最佳观赏期：3—4 月

最佳观赏地：长安校区星天苑 E 座

特征描述：

落叶灌木。枝棕褐色或红棕色，直立，小枝绿色或黄色，呈四棱形，具片状髓。叶片长椭圆形，长 3.5~15 厘米，两面无毛，中脉和侧脉在上面凹入，下面凸起。花 1~3（4）朵着生于叶腋，先于叶开放；花梗长 3~7 毫米；花冠深黄色，长 1.1~2.5 厘米。果卵形或宽卵形，长 1~1.5 厘米，果梗长 3~7 毫米。花期 3—4 月，果期 8—11 月。

矮探春

Chrysojasminum humile

科　属：木樨科　探春花属

最佳观赏期：4 月

最佳观赏地：长安校区星天苑 A 座

特征描述：

灌木或小乔木，有时攀援。小枝无毛或疏被短柔毛，棱明显。羽状复叶互生，小枝基部常有单叶；叶片革质，小叶片卵形或卵状披针形，或椭圆状披针形至披针形，稀为倒卵形。聚伞花序顶生，有 1~10 花，花冠黄色，近漏斗状，裂片圆形或卵形。果椭圆形或球形，成熟时紫黑色。花期 4—7 月，果期 6—10 月。

迎春花

Jasminum nudiflorum

科　属：木樨科　素馨属

俗　名：重瓣迎春、迎春

最佳观赏期：3—4 月

最佳观赏地：长安校区星天苑 A 座

特征描述：

落叶灌木，直立或匍匐，枝条下垂。小枝四棱形，枝上多具狭翼。叶对生，三出复叶，小枝基部常具单叶，单叶为卵形或椭圆形，有时近圆形。花单生，着生于去年生小枝的叶腋，稀生于小枝顶端；花萼绿色，裂片 5~6 枚，窄披针形；花冠黄色，裂片 5~6 枚，椭圆形，约为花冠筒长度 1/2。果椭圆形。花期 6 月。

紫丁香

Syringa oblata

科　属：木樨科　丁香属

俗　名：白丁香、毛紫丁香、华北紫丁香

最佳观赏期：4—5 月

最佳观赏地：长安校区静悟园

特征描述：

灌木或小乔木。树皮灰褐色或灰色。小枝、花序轴、花梗、苞片、花萼、幼叶两面以及叶柄均无毛而密被腺毛。小枝较粗，疏生皮孔。叶片革质或厚纸质，卵圆形至肾形，宽常大于长。圆锥花序直立，由侧芽抽生，近球形或长圆形；花梗长 0.5~3 毫米；花冠紫色，花冠管圆柱形；花药黄色。果倒卵状椭圆形、卵形至长椭圆形，先端长渐尖，光滑。花期 4—5 月，果期 6—10 月。

白丁香

***Syringa oblata* 'Alba'**

科　属：木樨科　丁香属

最佳观赏期：3—4 月

最佳观赏地：长安校区星天苑 C 座、长安大道东侧北段

特征描述：

该种是紫丁香的栽培变种。灌木或小乔木。小枝、花序轴、花梗、苞片、花萼、幼叶两面及叶柄均密被腺毛。叶片较小，基部通常为截形、圆楔形至近圆形，以及近心形。花白色。果卵圆形或长椭圆形，顶端长渐尖，几乎无皮孔。花期 4—5 月。

暴马丁香

Syringa reticulata subsp. *amurensis*

科　属：木樨科　丁香属

俗　名：暴马子、白丁香、荷花丁香

最佳观赏期：5—8 月

最佳观赏地：长安校区通慧园

特征描述：

该种是网脉丁香的亚种。落叶小乔木或大乔木。树皮紫灰褐色，具细裂纹。枝灰褐色，无毛，当年生枝绿色或略带紫晕，无毛，疏生皮孔。叶片厚纸质，宽卵形，先端短尾尖至尾状渐尖或锐尖，侧脉和细脉明显凹入使叶面呈皱缩；叶柄长 1~2.5 厘米，无毛。圆锥花序由 1 到多对着生于同一枝条上的侧芽抽生，长 10~20(27) 厘米，宽 8~20 厘米；花序轴、花梗和花萼均无毛；花冠白色，呈辐状，长 4~5 毫米，花药黄色。果长椭圆形，长 1.5~2(2.5) 厘米，先端常钝或为锐尖、凸尖，光滑或具细小皮孔。花期 6—7 月，果期 8—10 月。

金叶女贞

Ligustrum × *vicaryi*

科　属：木樨科　女贞属

最佳观赏期：5—6 月

最佳观赏地：长安校区海天苑餐厅北侧花园

特征描述：

落叶灌木，其嫩枝带有短毛。叶革薄质，单叶对生，椭圆形或卵状椭圆形，先端尖，基部楔形，全缘。新叶金黄色，老叶黄绿色至绿色。圆锥花序，花为两性，呈筒状白色小花。核果椭圆形，内含 1 粒种子，颜色为黑紫色。花期 5—6 月，果期 10 月。

日本女贞

Ligustrum japonicum

科　属：木樨科　女贞属

俗　名：大叶女贞、台湾女贞

最佳观赏期：6 月

最佳观赏地：长安校区星天苑宿舍 H 座对面

特征描述：

大型常绿灌木。叶片厚革质，椭圆形或宽卵状椭圆形，稀卵形，上面深绿色，光亮，下面黄绿色，具不明显腺点。圆锥花序塔形，无毛，宽几与长相等或略短；雄蕊伸出花冠管外，花丝几与花冠裂片等长，花药长圆形；花柱稍伸出于花冠管外，柱头棒状。果长圆形或椭圆形，呈紫黑色，外被白粉。花期 6 月，果期 11 月。

女贞

Ligustrum lucidum

科　属：木樨科　女贞属

俗　名：大叶女贞、冬青、落叶女贞

最佳观赏期：5—7 月

最佳观赏地：长安校区巡航北路

特征描述：

灌木或乔木，树皮灰褐色。枝黄褐色、灰色或紫红色。叶片常绿，革质，卵形、长卵形或椭圆形至宽椭圆形。圆锥花序顶生，花无梗或近无梗；花萼无毛，齿不明显或近截形；花药长圆形。果为肾形或近肾形，深蓝黑色，成熟时呈红黑色，被白粉。花期 5—7 月，果期 7 月—翌年 5 月。

小蜡

Ligustrum sinense

科　属：木樨科　女贞属

俗　名：山指甲、花叶女贞

最佳观赏期：5—6 月

最佳观赏地：长安校区星天苑南侧道路旁

特征描述：

落叶灌木或小乔木。小枝圆柱形，幼时被淡黄色短柔毛或柔毛，老时近无毛。叶片纸质或薄革质，卵形、椭圆状卵形、长圆形、长圆状椭圆形至披针形，或近圆形。圆锥花序顶生或腋生，塔形；花萼无毛，先端呈截形或呈浅波状齿；花丝与裂片近等长或长于裂片，花药长圆形。果近球形。花期 3—6 月，果期 9—12 月。

美国红梣

Fraxinus pennsylvanica

科　属：木樨科　梣属

俗　名：洋白蜡、毛白蜡、宾夕法尼亚梣、宾州梣

最佳观赏期：3—4 月

最佳观赏地：长安校区通慧园

特征描述：

落叶乔木。树皮灰色，皱裂。羽状复叶长 18~44 厘米；叶柄长 2~5 厘米；小叶 7~9 枚，薄革质，长圆状披针形，长 4~13 厘米，顶生小叶与侧生小叶几等大；小叶无柄或下方 1 对小叶具短柄。圆锥花序生于去年生枝上，长 5~20 厘米；花密集，雄花与两性花异株，与叶同时开放。翅果狭倒披针形。花期 4 月，果期 8—10 月。

流苏树

Chionanthus retusus

科　属：木樨科　流苏树属

俗　名：流苏

最佳观赏期：4 月

最佳观赏地：长安校区家属院

特征描述：

落叶灌木或乔木。小枝灰褐色或黑灰色。叶片革质或薄革质，长圆形，先端圆钝，有时凹入或锐尖，全缘或有小锯齿，叶缘稍反卷，中脉在上面凹入，下面凸起，侧脉 3~5 对；叶柄长 0.5~2 厘米，密被黄色卷曲柔毛。聚伞状圆锥花序，长 3~12 厘米，顶生于枝端；花单性为雌雄异株或为两性花；花梗长 0.5~2 厘米；花萼长 1~3 毫米，4 深裂，裂片尖三角形或披针形；花冠白色，4 深裂，裂片线状倒披针形，长（1）1.5~2.5 厘米。果椭圆形，被白粉，长 1~1.5 厘米，呈蓝黑色或黑色。花期 3—6 月，果期 6—11 月。

木樨

Osmanthus fragrans

科　属：木樨科　木樨属

俗　名：丹桂、刺桂、桂花、四季桂、银桂、桂、彩桂

最佳观赏期：9—10 月

最佳观赏地：长安校区何尊广场、静悟园、云天苑宿舍区，友谊校区西图书馆中心花园

特征描述：

常绿乔木或灌木。树皮灰褐色。叶片革质，椭圆形、长椭圆形或椭圆状披针形，先端渐尖，基部渐狭呈楔形或宽楔形，全缘或通常上半部具细锯齿，两面无毛。聚伞花序簇生于叶腋，每腋内有花多朵；苞片宽卵形，质厚，具小尖头，无毛；花极芳香；花冠黄白色、淡黄色、黄色或橘红色。果歪斜，椭圆形，呈紫黑色。花期 9—10 月上旬，果翌年 3 月成熟。

流苏树

紫葳科

紫葳科 Bignoniaceae

乔木、灌木或木质藤本，稀为草本；常具有各式卷须及气生根。叶对生、互生或轮生，单叶或羽叶复叶；顶生小叶或叶轴有时呈卷须状，卷须顶端有时变为钩状或为吸盘而攀援他物。花两性，左右对称，通常大而美丽，组成顶生、腋生的聚伞花序、圆锥花序、总状花序或总状式簇生，稀老茎生花；花萼钟状、筒状，平截；花冠合瓣，钟状或漏斗状，常二唇形，5 裂，裂片覆瓦状或镊合状排列。蒴果形状各异，光滑或具刺，通常下垂，稀为肉质不开裂。种子通常具翅或两端有束毛，薄膜质。

紫葳科约120属650种，我国有12属约35种，西工大校园中有2种木本植物。

楸

Catalpa bungei

科　属：紫葳科　梓属

俗　名：金丝楸、楸树

最佳观赏期：5—6 月

最佳观赏地：长安校区星天苑 A 座、云天苑餐厅

特征描述：

小乔木。叶三角状卵形或卵状长圆形，长 6~15 厘米，宽达 8 厘米，顶端长渐尖，叶面深绿色，叶背无毛；叶柄长 2~8 厘米。顶生伞房状总状花序，有花 2~12 朵。花冠淡红色，内面具有 2 黄色条纹及暗紫色斑点，长 3~3.5 厘米。蒴果线形，长 25~45 厘米，宽约 6 毫米。种子狭长椭圆形，两端生长毛。花期 5—6 月，果期 6—10 月。

梓

Catalpa ovata

科　属：紫葳科　梓属

俗　名：梓树、木角豆、水桐楸、水桐、花楸、楸、火楸、筷子树

最佳观赏期：5—6 月

最佳观赏地：长安校区通慧园

特征描述：

乔木。树冠伞形，主干通直。叶对生，有时轮生，阔卵形，长宽近相等，长约 25 厘米，顶端渐尖，全缘或浅波状，常 3 浅裂，叶片上面及下面均粗糙；叶柄长 6~18 厘米。顶生圆锥花序；花序梗微被疏毛，长 12~28 厘米。花冠钟状，淡黄色。蒴果线形，下垂，长 20~30 厘米。种子长椭圆形，长 6~8 毫米，两端具有平展的长毛。

梓

唇形科

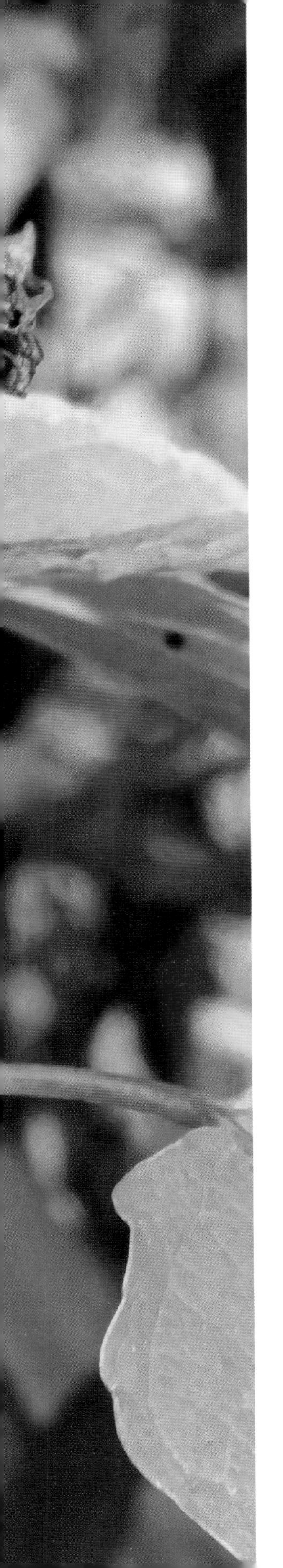

唇形科 Lamiaceae

多年生至一年生草本，半灌木或灌木，极稀乔木或藤本。常具含芳香油的表皮，常具有四棱及沟槽的茎和对生或轮生的枝条。根纤维状。偶有新枝形成具多少退化叶的气生走茎或地下匍匐茎，后者往往具肥短节间及无色叶片。叶为单叶，全缘至具有各种锯齿，浅裂至深裂，稀为复叶，对生（常交互对生），稀 3~8 枚轮生，极稀部分互生。花很少单生。花序聚伞式，通常由两个小的 3 至多花的二歧聚伞花序在节上形成明显轮状的轮伞花序，或多分枝而过渡到成为一对单歧聚伞花序。

唇形科有约 220 余属 3 500 余种，我国有 99 属 800 余种，西工大校园中有 1 种木本植物。

海州常山

Clerodendrum trichotomum

科　属：唇形科　大青属

俗　名：香楸、后庭花、追骨风、臭梧、泡火桐、臭梧桐

特征描述：

灌木或小乔木。叶片纸质，卵形，顶端渐尖，侧脉 3~5 对，全缘或有时边缘具波状齿；叶柄长 2~8 厘米。伞房状聚伞花序顶生或腋生，通常二歧分枝，末次分枝着花 3 朵，花序梗长 3~6 厘米，多少被黄褐色柔毛或无毛；花萼蕾时绿白色，后紫红色；花香，花冠白色或带粉红色；雄蕊 4，花丝与花柱同伸出花冠外；花柱较雄蕊短，柱头 2 裂。核果近球形，径 6~8 毫米，包藏于增大的宿萼内，成熟时外果皮蓝紫色。花果期 6—11 月。

最佳观赏期：4—5 月

最佳观赏地：长安校区家属院菊园

海州常山

泡桐

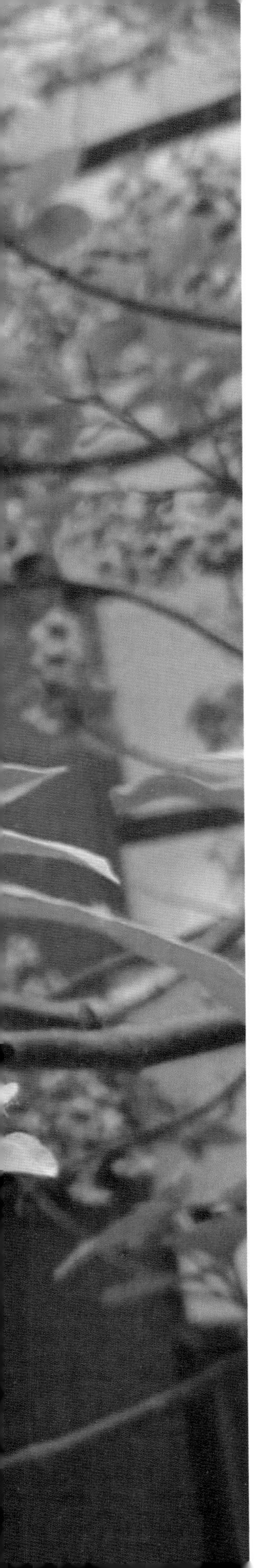

泡桐科 Paulowniaceae

落叶乔木。叶对生，很少3轮生，单叶；无托叶；叶柄宿存；边缘全缘或3浅裂，有时5浅裂，幼株叶片通常有锯齿。花3~8朵成聚伞花序，有时1~11朵；花两性，萼片5，花萼两侧对称；花瓣5，合生，花冠两侧对称，两唇形，漏斗状；雄蕊4，二强雄蕊；雌蕊1，柱头1。果实蒴果，室背开裂。种子棕色，椭圆形，有胚乳。

泡桐科有约2属9种，我国有2属7种，西工大校园中有1种。

楸叶泡桐

Paulownia catalpifolia

科　属：泡桐科　泡桐属

俗　名：小叶泡桐、无籽泡桐、山东泡桐

特征描述：

大乔木。树冠为高大圆锥形，树干通直。叶片通常卵状心脏形，长约宽的2倍，上面无毛，下面密被星状绒毛。花序金字塔形或狭圆锥形，长一般在35厘米以下，小聚伞花序有明显的总花梗，与花梗近等长；萼浅钟形，在开花后逐渐脱毛，浅裂达1/3至2/5处；花冠浅紫色，长7~8厘米，较细，管状漏斗形，内部常密布紫色细斑点，顶端直径不超过3.5厘米。蒴果椭圆形，长4.5~5.5厘米。花期4月，果期7—8月。

最佳观赏期：3—4月

最佳观赏地：长安校区家属院、友谊校区诚字楼

楸叶泡桐

冬青科

冬青科 Aquifoliaceae

乔木或灌木，常绿或落叶。单叶，互生，稀对生或假轮生，叶片通常革质、纸质，稀膜质，具锯齿、腺状锯齿或具刺齿，或全缘，具柄。花小，辐射对称，单性，稀两性或杂性，雌雄异株，排列成腋生、腋外生或近顶生的聚伞花序、假伞形花序、总状花序、圆锥花序或簇生，稀单生；花萼 4~6 片，覆瓦状排列，宿存或早落；花瓣 4~6，分离或基部合生；雄蕊与花瓣同数。果通常为浆果状核果，具 2 至多数分核，通常 4 枚，稀 1 枚，每分核具 1 粒种子。

冬青科有 4 属约 400~500 种，我国有 1 属约 204 种，西工大校园中有 2 种。

枸骨

Ilex cornuta

科　属：冬青科　冬青属

俗　名：枸骨冬青、鸟不落、鸟不宿、无刺枸骨

最佳观赏期：4—5 月

最佳观赏地：长安校区综合服务大楼东南角

特征描述：

常绿灌木或小乔木。小枝无皮孔。叶二型，四角状长圆形，无毛。花序簇生于二年生枝的叶腋内，花为淡黄色，花瓣长圆状卵形；雄花雄蕊与花瓣几等长，退化子房近球形；雌花退化雄蕊长为花瓣的 4/5。果球形，熟时红色，分核 4。花期 4—5 月，果期 10—12 月。

落叶冬青

Ilex verticillata

科　属：冬青科　冬青属

最佳观赏期：10 月

最佳观赏地：友谊校区勇字楼东北角

特征描述：

多年生灌木，秋冬落叶。属浅根性树种，主根不明显，须根发达。单叶互生，长卵形或卵状椭圆形，具硬齿状边缘，叶片表面无毛，绿色，嫩叶古铜色，叶背面多毛，略白。雌雄异株植物，花为乳白色，复聚伞花序，着生于叶腋处，雌花 3~6 朵，3 朵居多，雄花几十朵聚生叶腋。核果浆果状，红色，2~3 果丛生。单果种子数为 4~6 粒。

枸骨

荚蒾科 Viburnaceae

草本、灌木或小乔木，落叶或常绿，常被簇状毛，茎干有皮孔。单叶或羽状复叶，互生，有时轮生或基生，通常具锯齿，有时为裂片或全缘。花小，两性，整齐；花序由聚伞合成顶生或侧生的伞形式、圆锥式或伞房式；花冠管状、漏斗状或钟状，花冠 4 ~ 6 片，具裂片，合生；雄蕊与花冠交替排列；花柱粗短，柱头 3 ~ 5 裂。果实为核果或浆果，卵圆形或圆形；种子常为 3 枚，稀 1 或 5 枚。

荚蒾科有 3 属约 255 种，西工大校园中有 3 种木本植物。

绣球荚蒾

Viburnum keteleeri 'sterile'

科　属：荚蒾科　荚蒾属

俗　名：木绣球

最佳观赏期：4—5 月

最佳观赏地：长安校区通慧园

特征描述：

该种是琼花的栽培品种。落叶或半常绿灌木。树皮灰褐色或灰白色；叶临冬至翌年春季逐渐落尽，纸质，卵形至椭圆形或卵状矩圆形，顶端钝或稍尖，基部圆或有时微心形，边缘有小齿。聚伞花序直径 8~15 厘米，全部由大型不孕花组成，总花梗长 1~2 厘米，第一级辐射枝 5 条，花生于第三级辐射枝上；雄蕊长约 3 毫米，花药小，近圆形；雌蕊不育。花期 4—5 月。

珊瑚树

Viburnum odoratissimum

科　属：荚蒾科　荚蒾属

俗　名：早禾树、极香荚蒾

最佳观赏期：全年

最佳观赏地：长安校区巡航北路

特征描述：

常绿灌木或小乔木。枝灰色或灰褐色，有凸起的小瘤状皮孔。叶革质，椭圆形至倒卵形，边缘上部有不规则浅波状锯齿或近全缘，上面深绿色有光泽，两面无毛或脉上散生簇状微毛。圆锥花序顶生或生于侧生短枝上，宽尖塔形，无毛或散生簇状毛。果实先红色后变黑色，卵圆形或卵状椭圆形；核卵状椭圆形，浑圆。花期 4—5 月，果熟期 7—9 月。

绣球荚蒾

陕西荚蒾

Viburnum schensianum

科　属：荚蒾科　荚蒾属

俗　名：土栾树、土栾条、浙江荚蒾

特征描述：

落叶灌木。幼枝、叶下面、叶柄及花序均被由黄白色簇状毛组成的绒毛；芽常被带锈褐色簇状毛。叶纸质，卵状椭圆形、宽卵形或近圆形，顶端钝或圆形，有时微凹或稍尖，基部圆形，边缘有较密的小尖齿。聚伞花序，总花梗长 1~1.5 (7) 厘米或很短，第一级辐射枝 3~5 条，中间者最短，花大部生于第三级分枝上；花冠白色，辐状，无毛；雄蕊与花冠等长或略较长，花药圆形。果实红色而后变黑色，椭圆形。花期 5—7 月，果熟期 8—9 月。

最佳观赏期：5—7 月

最佳观赏地：长安校区静悟园

陕西荚蒾

忍冬

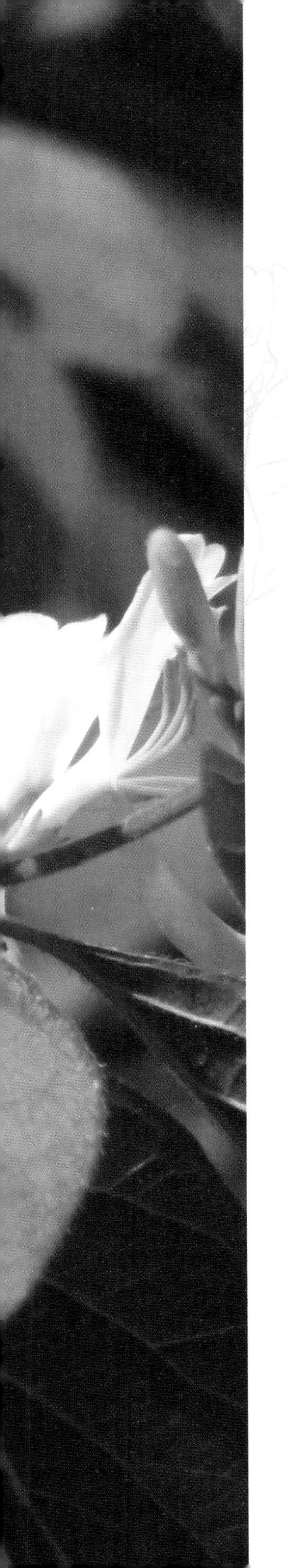

忍冬科 Caprifoliaceae

灌木或木质藤本，有时为小乔木或小灌木，落叶或常绿。叶对生，多为单叶，全缘、具齿或有时羽状或掌状分裂，具羽状脉；叶柄短，通常无托叶。聚伞或轮伞花序，或由聚伞花序集合成伞房式或圆锥式复花序。花两性，花冠合瓣，辐状、钟状、筒状、高脚碟状或漏斗状，裂片5~4(3)枚；雄蕊5枚，或4枚而二强。果实为浆果、核果或蒴果，具1至多数种子。种子具骨质外种皮，平滑或有槽纹。

忍冬科有13属约500种，我国有12属200余种，西工大校园中有5种。

锦带花

Weigela florida

科　属：忍冬科　锦带花属

俗　名：旱锦带花、海仙、锦带、早锦带花

最佳观赏期：4—5 月

最佳观赏地：长安校区教学西楼 B 座

特征描述：

落叶灌木。幼枝稍四方形，有 2 列短柔毛；树皮灰色。叶矩圆形、椭圆形至倒卵状椭圆形，长 5~10 厘米，顶端渐尖，边缘有锯齿，上面疏生短柔毛，具短柄至无柄。花单生或成聚伞花序生于侧生短枝的叶腋或枝顶；花冠紫红色或玫瑰红色，长 3~4 厘米，外面疏生短柔毛，裂片不整齐，开展，内面浅红色；花丝短于花冠，花药黄色；花柱细长，柱头 2 裂。果实长 1.5~2.5 厘米，顶有短柄状喙，疏生柔毛。种子无翅。花期 4—6 月。

红王子锦带花

***Weigela* 'Red Prince'**

科　属：忍冬科　锦带花属

俗　名：红王子锦带

最佳观赏期：4—6 月

最佳观赏地：长安校区教学西楼 B、C 座

特征描述：

灌木。幼枝有 2 列短柔毛。叶具短柄或近无柄，椭圆形至倒卵状椭圆形，长 5~10 厘米，边有锯齿，上面疏生短柔毛尤以中脉为甚，下面的毛较上面密。聚伞花序生于短枝叶腋和顶端；花大，鲜红色；花冠漏斗状钟形，长 3~4 厘米，裂片 5；雄蕊 5，着生于花冠中部以上，稍短于花冠。蒴果长 1.5~2 厘米，顶有短柄状喙，疏生柔毛。种子微小而多数。

忍冬

Lonicera japonica

科　属：忍冬科　忍冬属

俗　名：老翁须、鸳鸯藤、右转藤、二色花藤、银藤、金银藤、金银花

最佳观赏期：5 月

最佳观赏地：长安校区星天苑 D 座

特征描述：

半常绿藤本；幼枝洁红褐色，密被黄褐色、开展的硬直糙毛、腺毛和短柔毛。叶纸质，卵形至矩圆状卵形，顶端尖或渐尖；叶柄密被短柔毛。总花梗通常单生于小枝上部叶腋；花冠白色，有时基部向阳面呈微红，后变黄色，唇形，筒稍长于唇瓣，上唇裂片顶端钝形，下唇带状而反曲；雄蕊和花柱均高出花冠。果实圆形，直径 6~7 毫米，熟时蓝黑色，有光泽。种子卵圆形或椭圆形，褐色。花期 4—6 月（秋季亦常开花），果熟期 10—11 月。

金银忍冬

Lonicera maackii

科　属：忍冬科　忍冬属

俗　名：金银木、王八骨头

最佳观赏期：5—6 月、8—10 月

最佳观赏地：长安校区理学院西侧

特征描述：

落叶灌木。叶纸质，形状变化较大，通常卵状椭圆形至卵状披针形，稀矩圆状披针形或倒卵状矩圆形，更少菱状矩圆形或圆卵形。花芳香，生于幼枝叶腋；花冠先白色后变黄色，唇形，花冠筒长约为唇瓣的 1/2；雄蕊与花柱长约达花冠的 2/3。果实暗红色，圆形。种子具蜂窝状微小浅凹点。花期 5—6 月，果熟期 8—10 月。

亮叶忍冬

Lonicera ligustrina var. *yunnanensis*

科　属：忍冬科　忍冬属

俗　名：铁楂子、云南蕊帽忍冬

特征描述：

该种是女贞叶忍冬的变种。常绿灌木。叶革质，近圆形至宽卵形，有时卵形、矩圆状卵形或矩圆形，顶端圆或钝，上面光亮，无毛或有少数微糙毛。花较小，花冠长 (4) 5~7 毫米，筒外面密生红褐色短腺毛。种子长约 2 毫米。花期 4—6 月，果熟期 9—10 月。

最佳观赏期：4—5 月

最佳观赏地：长安校区通慧园

亮叶忍冬

海相约

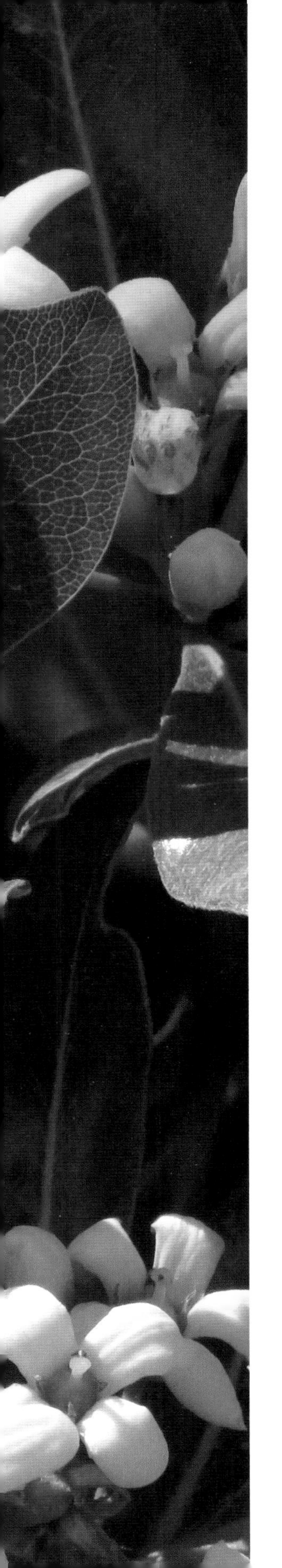

海桐科 Pittosporaceae

常绿乔木或灌木，秃净或被毛，偶或有刺。叶互生或偶为对生，多数革质，全缘，稀有齿或分裂，无托叶。花通常两性，有时杂性，辐射对称，稀为左右对称，除子房外，花的各轮均为 5 数，单生或为伞形花序、伞房花序或圆锥花序；萼片常分离；花瓣分离或连合，白色、黄色、蓝色或红色；雄蕊与萼片对生，花药基部或背部着生。蒴果沿腹缝裂开，或为浆果。种子通常多数，常有粘质或油质包在外面，种皮薄。

海桐科有 9 属约 360 种，我国有 1 属 44 种，西工大校园中有 1 种。

海桐

Pittosporum tobira

科　属：海桐科　海桐属

特征描述：

常绿灌木或小乔木。嫩枝被褐色柔毛，有皮孔。叶聚生于枝顶，二年生，革质，倒卵形或倒卵状披针形。伞形花序或伞房状伞形花序顶生或近顶生；花白色，有芳香，后变黄色。蒴果圆球形，有棱或呈三角形。种子多角形，红色。花期 4—5 月，果熟期 9—10 月。

最佳观赏期：4—5 月、9—10 月

最佳观赏地：长安校区华山路最北端

海桐

五加科

五加科 Araliaceae

乔木、灌木或木质藤本，稀多年生草本，有刺或无刺。叶互生，稀轮生，单叶、掌状复叶或羽状复叶。花整齐，两性或杂性，聚生为伞形花序、头状花序、总状花序或穗状花序，通常再组成圆锥状复花序；花瓣5~10，通常离生。果实为浆果或核果，外果皮通常肉质，内果皮骨质、膜质或肉质（与外果皮不易区别）。种子通常侧扁。

五加科约80属900种，我国有22属160余种，西工大校园中有2种木本植物。

八角金盘

Fatsia japonica

科　属：五加科　八角金盘属

俗　名：手树

最佳观赏期：5—6 月

最佳观赏地：长安校区翱翔体育馆北侧

特征描述：

常绿灌木或小乔木。茎光滑无刺。叶柄长 10~30 厘米；叶片大，革质，近圆形，直径 12~30 厘米，掌状 7~9 深裂，裂片长椭圆状卵形，有粒状突起，边缘有时呈金黄色。圆锥花序顶生，长 20~40 厘米；伞形花序直径 3~5 厘米，花序轴被褐色绒毛；花瓣 5，卵状三角形，黄白色，无毛。果实近球形，熟时黑色。花期 10—11 月，果期翌年 4 月。

刺楸

Kalopanax septemlobus

科　属：五加科　刺楸属

俗　名：辣枫树、茨楸、云楸、刺桐、刺枫树、鼓钉刺、毛叶刺楸

最佳观赏期：7—9 月

最佳观赏地：长安校区星天苑 A 座西南角

特征描述：

落叶乔木。树皮暗灰棕色。叶片纸质，在长枝上互生，在短枝上簇生，圆形或近圆形，掌状浅裂，裂片阔三角状卵形或长圆状卵形。圆锥花序大；花白色或淡黄色，花瓣 5，三角状卵形；雄蕊 5，花丝长 3~4 毫米。果实球形，蓝黑色。花期 7—8 月，果期 9—10 月。

八角金盘

STRONG PREPARATION

公字楼

美人梅

美目盼兮
巧笑倩兮

文＼梁泽俊

初识美人梅，或许会误以为是桃花，实际上美人梅是一个“混血美人”，它是蔷薇科李属落叶小乔木，是樱李梅的一个品种，由重瓣粉型梅花与紫叶李杂交而成。

三月中旬，盛花时节，美人梅开得连枝条都难以看见。近看，美人梅花心有一点深红，可以作为辨识的诀窍。花期末，美人梅长出红色的新叶；盛夏时节，叶片会稍稍反绿。

由于美人梅的外形与姿态美若天仙，不免使人心生好感，可谓是“君子兰前立君子，美人梅下倚美人”。

美人梅还有一个令人赞叹的特点，那就是它的生长习性。不管是凛冽的寒冬，还是炎热的酷暑，它都可以顽强生长。它对土壤的质地要求不高，栽培中也很少有明显病虫害发生。因此，美人梅因为它的坚韧更加值得我们喜爱。

作为春日里的重要角色之一，美人梅存在于祖国的大江南北，它既可布置庭院、开辟专园等，又可制作盆景、做切花等用于装饰。

君子兰前立君子
美人梅下倚美人

金钟花 连翘 矮探春 迎春花

黄色的小花里 春天藏在那

文＼赵子娇

“迎春”，顾名思义，迎接春天的到来。把一种花朵作为春天来临的标志，足以窥见人们对它的喜爱。早春时节，寒风料峭，校园里的莘莘学子仍裹着厚厚的棉袄，如太阳般金灿灿的迎春花就已跃上枝头，向师生们昭示着春天的到来。迎春花原产于中国，在唐代就已经是人们常见的花卉种类了。在民间，迎春花、梅花、水仙及山茶花被统称为“雪中四友”。另外，和迎春花同属于素馨属的还有探春花。探春花盛开于晚春时节，外形是和迎春花相似的小黄花。当探春花谢时，夏天也悄悄地接近了，所以探春还有另一个称呼——迎夏。

同为早春黄花，与迎春花外形相似、花期相近的还有连翘。在常见的早春黄花中，这两者的种植范围是最广的。不同的是，迎春花一般有5~6片花瓣，而连翘一般是4片。在校园里，我们还可以看见另一种小黄花，那就是和连翘同属的金钟花。金钟花和连翘长得非常相似，但有一些细微的区别：首先，连翘的小枝是黄褐色的，带有突起的斑点，而且是中空的，而金钟花的枝条没有斑点，是实心的。其次，连翘的花萼裂片与花冠筒近等长，而金钟的花萼裂片大约只有花冠筒的一半长。

春天，这四种植物开出成片的金黄色小花，为校园增添了一抹亮丽的色彩。如果大家在路边发现它们，不妨近距离观察辨认一下。

探春迎夏

垂柳

春风拂柳
启翔湖畔

文／李耘吉

草木萌发的季节，柳枝冒出新芽，柔柔地在风中回旋摇曳，而后垂落水面，轻浮一池春水。这一片如烟似雾的绿意，是春天最温柔的面纱。

垂柳，花期3—4月，果期4—5月，多用插条繁殖，是优美的绿化树种。园林中有时会见到同为杨柳科柳属的旱柳，二者外形相似，不仔细看还真有些难以分辨。实际上，垂柳和旱柳树皮颜色不同，垂柳树皮呈灰黑色，而旱柳树皮呈暗灰黑色。此外，枝条也不同，垂柳枝下垂，颜色为淡褐黄色、淡褐色或带紫色，旱柳枝则直立或斜展，颜色为浅褐黄色或带绿色，后变褐色。相对而言，垂柳的树形更为优美，在园林绿化中也更为常见。

古往今来，垂柳婀娜的倩影走进了人们的生活，也被写进了无数诗词中。人们喜爱这种植物，不断赋予它情感与含义。

柳被赋予惜别之义。张籍在《蓟北旅思》中写道："客亭门外柳，折尽向南枝。"柳谐音"留"，古人送别多用折柳。一条条柳枝，喻意一次次别离。柳，是愁思。晓风轻拂、残月朦胧、杨柳依依、弱柳扶风、无凭无依，种种愁绪尽被勾起。柳，也是春意和美丽。贺知章在《咏柳》中写道："碧玉妆成一树高，万条垂下绿丝绦。"柳条青青，春天就在这绿色中生发、蔓延。

作为春日里举足轻重的一大角色，垂柳遍及全国各地，不仅可供观赏，其木材还可制成家具，枝条可编筐，垂柳树皮含鞣质，可提制栲胶。垂柳安静，热情，充满烟火气。在下一个春天到来时，去看看那一片温柔的绿意吧。

客亭门外柳
折尽向南枝

紫叶李

花容叶态各成诗
指李为樱错眼识

文／赵婷玉

春暖花开的季节，校园里最夺人眼球的就是各种蔷薇科的花朵。甚至可以说，我们的春天多半是由蔷薇科植物装点起来的。其中，紫叶李作为北方园林绿化最为常用的树种之一，在校园里随处可见。紫叶李开花时间与樱花（值得注意的是，我们常说的樱花，其实并不是樱花，在园艺界，樱花是李属部分物种和种植品种的统称）相近，二者同为蔷薇科植物，外形相似，因此我们常遇到所谓“指李为樱”的误会。尽管二者远看外形有些许相近，但细细观察，还是大有不同。

首先是叶片不同。紫叶李最大的特点就是新叶会一直保持呈紫褐色，而樱花的叶片多呈深绿色或绿色。通过观察叶片颜色，可以轻易将紫叶李与樱花区分开。

其次是花朵不同。紫叶李的花瓣多为单瓣，白色小花的花瓣无凹陷（缺刻）。樱花因为品种的不同有重瓣也有单瓣。此外，樱花多为簇生，枝繁叶茂地向四周扩展，且花瓣末端有缺刻。

以上两种方法足以简单区分紫叶李和樱花，更多的方法还待我们亲身探索哦！

紫叶李，又名红叶李，整个生长季节叶子都是紫红色，春季繁花似锦，花叶同放，在园林绿化中倍受偏爱。在校园大道上，在公园里，无论远近，只要有紫叶李，开花时都若云蒸霞蔚，花枝摇曳，粉白飘落，紫叶李也有胜似樱花的几分烂漫。所以，我们想再一次为紫叶李正名，请毫不吝啬地给予属于紫叶李的夸奖吧！

云蒸霞蔚
花枝摇曳

紫丁香

我自花开香满园
世人语我愁千结

文／赵婷玉

春天是百花斗艳的季节，在姹紫嫣红的花海中，不知有多少人会注意到淡雅的紫丁香。紫丁香，木犀科丁香属落叶灌木或小乔木，花筒细长如钉，香气袭人，由此得名。紫丁香花序繁茂，花色淡雅，花冠细小，漏斗状，具深浅不同的四裂片。虽然名中带“紫”，但其实紫丁香不都是紫色，校园里常见的白色丁香就是它的一个变种。白色的花朵、紫色的花朵，它们不以艳丽的外表争奇斗艳，却总是把浓郁的花香赠予行人。

古代诗人多以丁香写愁：“丁香千结苦粗生”“芭蕉不展丁香结”“丁香空结雨中愁”；戴望舒在《雨巷》中写道：“我希望逢着 / 一个丁香一样地 / 结着愁怨的姑娘。/ 她是有 / 丁香一样的颜色，/ 丁香一样的芬芳，/ 丁香一样的忧愁……”给丁香添上了一缕朦胧的忧伤。从古至今，丁香似乎总是被冠以“愁”的意象，这与丁香本身的特质有不可分割的关系。丁香一般开在暮春时节，易凋谢。诗人们面对美丽的丁香便易伤春，说丁香是“愁品”，而丁香缄结未开的花蕾便成为这种愁绪的最好诠释。但丁香不只是诗人笔下的“愁品”，它的实用价值也很多。在环保方面，丁香吸收二氧化硫的能力较强，对二氧化硫污染具有一定净化作用；在药用方面，丁香是一味古老的中药，其根（丁香根）、茎（丁香树皮、丁香枝）、叶、花、果都可入药，嫩叶可代茶；在美容方面，丁香中的多种成分具有抗氧化作用，能有效防止色素堆积，延缓皮肤衰老。

丁香寓意着勤劳、谦逊。丁香花开，白的纯洁，紫的淡雅，不显山露水，不分外妖娆，只是默默无闻地散发清香，这与西北工业大学“为国铸剑，隐姓埋名”的情怀相契合。启真湖畔，那一簇簇盛开的丁香花，仿佛是对西工大学子温暖的鼓舞与深切的期盼。

丁香花开，清香自来。花如此，人也相似。

丁香千结苦粗生

二乔玉兰

工大春来展二乔

文／赵子娇

随着早春气候转暖，西工大校园里的各种玉兰次第盛开。我们常说的各种玉兰，如“白玉兰”“紫玉兰”“望春玉兰”等，都是木兰科玉兰属的植物。

西工大校园里最常见的是玉兰属中比较出名的一种，二乔玉兰（*Yulania × soulangeana*）。

或是不经意一瞥，或是留心观察，你一定会发现它：硕大的郁金香形的花朵，粉白相间的花瓣，一阵阵幽香随风扑面而来。

二乔玉兰是玉兰和紫玉兰的杂交种，完美地融合了二者的特性。玉兰花色洁白，树形高大；紫玉兰花色紫红，树形较为矮小。二乔玉兰属于小乔木，树形匀称适中。它的花瓣外紫内白，乍看之下与紫玉兰相似，细看又没有那么艳丽，多了一份玉兰的淡雅气质。

白玉兰与二乔玉兰一白一粉，很容易区分，而紫玉兰与二乔玉兰看上去还是有些难以分辨。不过，二乔玉兰先花后叶，紫玉兰花叶同时，我们可以通过开花时是否有叶片来辨认它们。

二三月时，二乔玉兰这一树香花，打破冗长冬日的晦暗。粉白的花瓣片片聚拢，晶莹剔透，仿佛一打开就会放出光亮来。满树的花层层叠叠，隐去了树枝的全貌，在南餐厅楼下以及教学东楼B、C楼下，我们都可以一睹它的芳容。

当代诗人香魂在《七律·咏二乔玉兰》中写道：“亭亭娇朵立枝头，脂粉轻匀玉颊柔。香托东风频送远，月摇倩影自含羞。悄藏绿袂吟清梦，闲约寒云诉淡愁。燕荡柳丝春水暖，霓裳渐解落兰舟。”二乔玉兰期待与你在春天的相遇……

亭亭娇朵立枝头
脂粉轻匀玉颊柔

西府海棠 垂丝海棠

借得梅花一缕魂 偷来梨蕊三分白

文\付雪霞

《诗经》有云：“投我以木桃，报之以琼瑶。匪报也，永以为好也！”在这句诗中出现的“木桃”一物，经考证确定为海棠类植物，这是迄今为止最早的对海棠的文字记录。在如今的植物学中，“海棠”一词指的是蔷薇科苹果属中果实直径不大于5厘米的植物。不过，在日常生活中，人们所说的海棠并不全是苹果属的植物，蔷薇科木瓜海棠属的木瓜海棠、贴梗海棠，以及秋海棠科的植物有时也会被笼统地称为海棠。而今天所要介绍的海棠，是校园中较为常见的垂丝海棠与西府海棠。

垂丝海棠（*Malus haliana*），是蔷薇科苹果属的乔木，主要分布在西工大长安校区星天苑D座附近。随着三月春花盛宴的谢幕，四月里，它以其独特的魅力，跃然成为校园中一抹引人瞩目的亮丽景致。仔细观察，4～6朵粉红色的小花簇拥在枝头，细长的花梗（长2～4厘米）大多下垂，宛如南宋诗人杨万里诗中所描写的“懒无气力仍春醉，睡起精神欲晓妆”，完全诠释了垂丝海棠独特的风姿。

就如“海棠”这个称呼一样，“西府海棠”也是一个包含许多物种的称呼。其中一种人类培养的苹果属海棠，其果实味道酸甜，可供鲜食及加工用。狭义的西府海棠（*Malus×micromalus*）由山荆子和海棠花杂交而成，它与海棠花极近似，肉眼很难分辨。此外，有些西府海棠种类可能由山荆子与楸子（俗名海棠果）杂交而成。

除了垂丝海棠和西府海棠，校园里的苹果属海棠还有海天苑留学生公寓附近的北美海棠和海天苑2号楼附近的王族海棠。前者的花呈粉紫色，后者的花则更显得深红一些，每一瓣似乎展现出了王者的高贵与不凡。

每年的四月，正是海棠盛开的季节，白的纯洁，红的热烈，粉的温柔，色彩纷呈，美不胜收。当你穿梭于启真湖畔、云天苑宿舍区或星天苑宿舍等地，不妨放慢脚步，细细品味一下这份来自大自然的馈赠。

投我以木桃
报之以琼瑶

湖北紫荆 紫荆

红英紫蕤 老茎生花

文／闫彤

春末夏初，走在长安校区教学东楼北面的路上，你如果看到这样一种树：灰黑色的挺拔树干高高瘦瘦，紫红色如蝶的小花簇拥枝头，阳光下半透明的心形嫩叶清新明亮，那么不用怀疑，这就是湖北紫荆。湖北紫荆因为树形高大，且花朵与紫荆十分相似，所以又被称为“巨紫荆”。

校园里有两种豆科紫荆属植物，除了身形较为高大的乔木湖北紫荆外，还有一种更为矮小、常呈丛状的灌木——紫荆。紫荆随着季节变换着不同的风格，焕发出不同的光彩，春有艳丽热闹的繁花，夏有浓密圆亮的芳叶，秋有褐红狭长的果荚，冬有扶疏婆娑的虬枝。

在春季灿若云霞的校园里，紫荆的存在感比较低，然而紫荆自己却并不低调：早春时节，它的叶子还未长出，紫红、粉红的蝶形小花就成群结队地探出头来，密密麻麻地将枝干团团包裹，树树花如锦，开得毫无保留。

紫荆作为一种温带落叶植物，却有着接近热带植物的“老茎生花”习性：花从下往上开，接近地面的老枝先开花，逐渐蔓延到枝头。这样的开花方式一来更容易吸引昆虫传粉，二来可以更快地接收水分营养，很是奇巧独特。

提到紫荆，很多人都会想到香港，然而香港区徽上的“紫荆”并不是我们此处提到的紫荆，而是被香港人称为“洋紫荆”的红花羊蹄甲（*Bauhinia×blakeana*）。1880年，红花羊蹄甲在香港被一位神父发现，这种植物叶似羊蹄，花形如掌，五片花瓣清晰分明，很容易与紫荆区分开来。

春日常有“雨疏风骤”，紫荆也不免“绿肥红瘦”。不过不必伤春，随着心形薄纸质的绿叶渐浓，紫荆树在煦日下光影掩映，也另有一番意趣和韵致。

“疏枝坚瘦骨为皮，忽迸红英簇紫蕤”。紫荆花开的时候，热烈地拥抱春天吧。

疏枝坚瘦骨为皮
忽迸红英簇紫蕤

石楠

四月是你的谎言

文／林起晟

住在云天苑或是经过星天苑操场的同学在四月想必有过这种经历：走在路上，不知从何而来的恶臭涌进鼻腔，使人不由得加快脚步，逃之夭夭。而这种恶臭来源于一种外表清纯、极具欺骗性的植物—— 石楠。

石楠本名“石南”， 李时珍解释其“生于石间向阳之处”，故名“石南”，但实际上野生的石楠属植物常常生于杂木林荫之下、山坡灌丛之中，因此大多向阴生长。如今，帚石南属（*Calluna*）、欧石南属（*Erica*）等杜鹃花科的高山植物被冠以“石南”这一名称，以表征它们向阳生长的特点。

在古代，石楠并无恶名，反因其形态洁白而颇受赞誉：李白曾写“水舂云母碓，风扫石楠花”；唐明皇也曾将其命名为“端正树”。自唐朝始，古诗中常见石楠这一意象，少见控诉其异味的诗句。甚至有诗人写道“乱禽啼树石楠香”，让人不禁怀疑古人在咏颂石楠时是否搞错了物种。

如今，石楠花却因其恶臭而闻名于世，每逢四五月石楠花期之时，网上多有人调侃石楠花的“异香”，甚至给它取名“臭臭花”。其实，这种“异香”很可能是石楠花散发的各种胺类物质混合之后产生的。这种气味会吸引蝇类和甲虫为它传粉，从而结出鲜艳的红色果实。

既然石楠花这么臭，为什么还被如此广泛地种植在校园中呢？原因很简单，便宜、好养、实用。首先，石楠既喜阳又耐阴，适合湿润土壤，亦能耐旱耐寒，容易修剪成型且生长缓慢不用反复养护。其次，石楠花具有观赏性，其枝叶还拥有净化空气和吸附尘霾的功效。作为一种高性价比的植物，石楠花会开遍校园也就不奇怪了。

水舂云母碓
风扫石楠花

紫藤

香风留人
紫藤挂木

文\赵冰颖

从长安校区北门出去，向东走有一条被紫藤覆盖的长廊，远看像一条紫色的瀑布，细闻还有一股若有若无的甜香，近看紫藤花冠似蝶，周遭还有圆滚滚的小蜜蜂，生机勃勃，让人心生喜爱。

紫藤，豆科紫藤属，落叶木质藤本，茎粗壮，左旋，春季开花。《中国植物志》这样描述它："花冠紫色，旗瓣圆形，先端略凹陷，花开后反折。"宗璞的《紫藤萝瀑布》中描述得则较为生动："每一朵盛开的花就像是一个小小的张满了的帆，帆下带着尖底的舱，船舱鼓鼓的。"紫藤的果看上去则像毛茸茸的大号豆荚，里面包裹着褐色扁圆形的种子。

紫藤不光好看，还有非常多的用处。紫藤花可提炼香油，花和皮可入药。看到这，有的同学可能就会有疑问了：紫藤这么漂亮，它能吃吗？当然可以啦，北京的紫萝饼和某些地方的紫藤糕、紫藤粥、炸紫藤鱼、拌葛花等都是加入紫藤花做成的。除此之外，紫藤还有绿化的功能，紫藤对二氧化硫和硫化氢等有害气体有较强的抗性，对空气中的灰尘也有一定的吸附能力。

紫藤作为观花绿荫藤本植物，紫穗悬垂，花繁而香，常常出现在文人墨客的诗句中。"紫藤挂云木，花蔓宜阳春。密叶隐歌鸟，香风留美人。"在李白笔下，紫藤密花聚集、摇曳生姿的模样跃然纸上。《花经》有云："紫藤缘木而上，条蔓纠结，与树连理，瞻彼屈曲蜿蜒之伏，有若蛟龙出没于波涛间；仲春开花，披垂摇曳，宛如璎珞，坐卧其下，浑可忘世。"文人眼中的紫藤，有如晨霞映水，姿色气象更是绚丽迷人。在紫藤盛放的时节，大家走在校园中时，不妨留意一下在哪里能嗅到紫藤甜蜜的芳香。

紫藤挂云木，花蔓宜阳春
密叶隐歌鸟，香风留美人

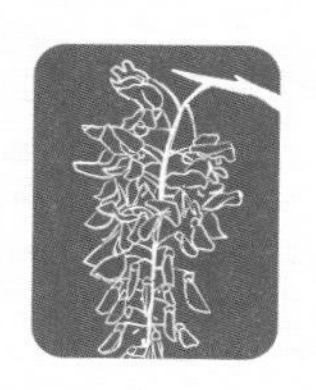

红花檵木

因花造字古来鲜
檵木初开思杳然

文\李耘吉

春天万物复苏，大部分植物都是一副“萌新”模样。各种应景的花大都是粉白淡色，而在一众清新粉白的春花里，盛开时红红火火的红花檵木似乎是极有个性的。紫红色的花如丝如缕，如霞似火，尽情装扮着春天，给人们呈现美丽的画卷。一朵朵花儿，如丝带飘飘，在春风里尽展魅力。

红花檵木属于金缕梅科檵木属。檵木是中国特有的植物，“檵”的读音同“继”，是专门为了这种植物创造的，并不是一个繁体字。四个“幺”，既是形容它的花丝丝缕缕，又可指代檵木的花苞里含有四枚小花瓣，展开就是四根丝带，更像是一条条纸彩带。也是因此，红花檵木还有一个名字叫“纸末花”，真是形象又生动。

如果说山茶是冬日里的一把火，那红花檵木就是燃烧在春日和秋日里的熊熊烈火。是的，你没有看错，红花檵木一年会开两次花，每年的4—5月和国庆期间，它就会舒展开自己四枚紫红色丝带般的花瓣。红花檵木的花是紫红色的，它的叶是暗红色的，造型别致，给人带来别样的感官体验。

如丝如缕
如霞似火

楝

楝树花开春芳尽

文\闫　彤

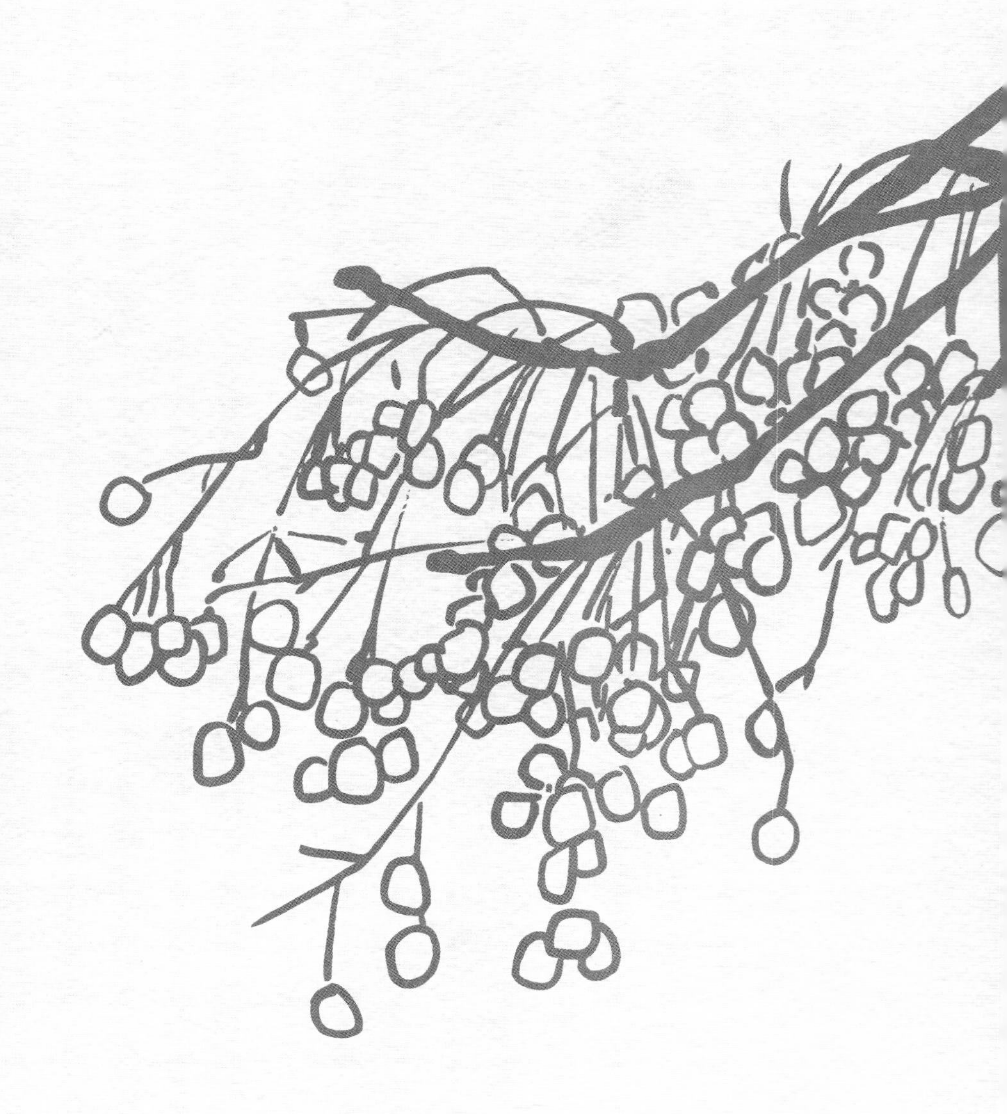

春天，百花盛开集中在小寒到谷雨这八个节气，十五日一气，五日一候，古人把这八气二十四候每候对应一种花，是为二十四番花信风。作为二十四番花信风的压轴花，楝树花开了，春花的盛大演出就要谢幕了。

压轴登台的楝花，用盛放为百花的这场表演作结。它的花朵小巧别致，五片淡紫色或近白色的花瓣细长舒展，中间是深紫色筒状的雄蕊管。众多小花形成一个圆锥花序，一枝花序上能有上百朵花，远看宛如白紫色的碎花裙，一树小碎花淡雅热闹，开得芬芳馥郁，异香扑鼻。

楝花落后就是夏天了，这时果实会代替楝花与绿叶作伴。它的果实生青熟黄，被叫作苦楝子、楝树果子、练枣子……以前男孩们会摘苦楝子当弹弓的弹珠，女孩们则会把苦楝子用针线穿起来当手链、项链。苦楝子虽然很招孩子们待见，但没几个孩子会拿来吃，一来是因为它味苦，二来是因为它有毒——楝树全株都有毒，不可随意品尝。而全身是毒的楝，却拥有重要的应用价值，不仅可作为园林观赏树种和造林树种，还可做家具、入药以及做工业油料等。

俗语道："楝树花开，睁眼不开。"走到楝树那一树香甜繁花下，总感觉像被人撒了会犯困的迷药。不过这句话还是有一定科学依据的：楝花盛开于春夏之交，季节的交替反映在人身上就是懒散、无精神，自然就有"睁眼不开"的睡意。春夏交替之时，大家保持清醒，别被"迷药"迷到哦。

楝树花开
睁眼不开

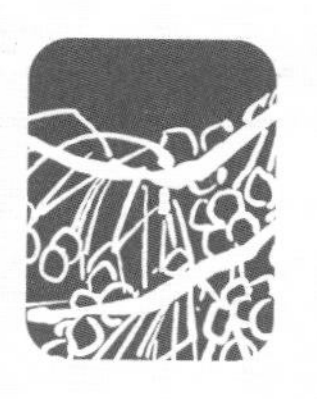

海桐

清雅芬芳 花开正盛

文\梁泽俊

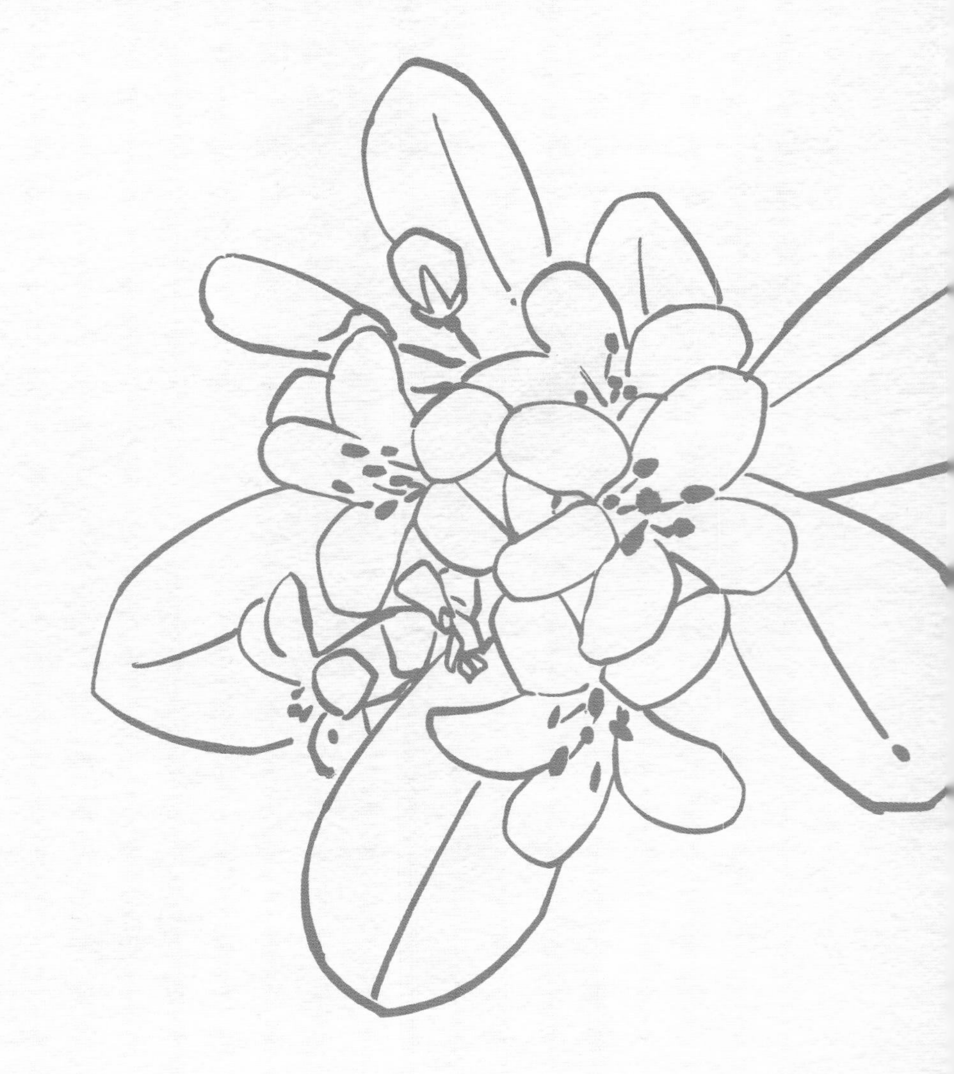

四月初始，西工大学子们常常被刺鼻的石楠花所困扰，但是不要紧，因为再过一段时间，香味扑鼻的海桐就会在初夏绽放。

海桐的主要识别依据是它的叶子和花朵。它的叶子基本是“倒卵形”，像是一个倒放的鸡蛋，呈深绿色，表面革质而富有光泽。而它的花则数朵聚集在一起，形成像雨伞形状的花序。

海桐是常见的园林景观树种，不仅仅是因为它叶片浓绿，花朵小巧可爱，具有极强的观赏性，更是因为它开花时香气清雅、沁人心脾。

海桐一般在4—5月开花，花色开始一般呈白色，到后期就会变成黄色。海桐花盛开时散发出阵阵芳香，远远就能闻到，这种花香近似茶香。品味着海桐的香气，就像品尝着一壶龙井茶，身临其境，心情舒畅。这种独特的香气也成了一些香水的灵感来源，有不少香水的调制参考了海桐的花香。

因为香气芬芳馥郁，海桐经常被用于净化空气。无论在城市的街道、庭院，还是校园里，海桐总是一个不错的种植选择。

让我们在初夏的校园中一起感受海桐的清香吧！

香气清雅
沁人心脾

牡丹

唯有牡丹真国色

文＼彭 蓝

刘禹锡在其七言绝句《赏牡丹》中写道：“庭前芍药妖无格，池上芙蕖净少情。唯有牡丹真国色，花开时节动京城。”

暮春时节，花丛中，牡丹逐渐褪掉碧色的外衣，在绿叶碧波中慢慢脱颖而出，脸上泛着淡淡的红晕，带着几分羞色，娇俏地立于枝头。眺望满园春色，丰腴娇艳，风姿绰约，浅笑嫣然，盛妆绽放。

牡丹，芍药科芍药属落叶灌木，别名木芍药。值得注意的是，牡丹是木本植物，芍药是草本植物。通俗一点来说，牡丹茎秆比芍药茎秆更粗壮且更坚硬，到冬季，牡丹花叶凋谢后枝干仍在，芍药则是全株凋谢。牡丹花期为4—5月。白居易在《牡丹芳》中写道：“花开花落二十日，一城之人皆若狂。”由此可见，牡丹花期虽短，却足以惊艳世人，这与牡丹花雍容华贵的外形有关。牡丹的花型多姿多彩，花朵硕大盈尺，花色纯正，光彩夺人。除红色、黄色、绿色、紫色、白色之外，每种颜色又有深浅浓淡的不同，颇具王者风范。

《增广贤文》中有言：“牡丹花好空入目。”但牡丹花绝不只是“花瓶”。牡丹不仅具有繁荣昌盛、和平幸福等各种象征意义，还有着重要的药用价值。药用牡丹品种单调，花多为白色。药用牡丹以根皮入药，称牡丹皮，又名丹皮、粉丹皮、刮丹皮等。由此可见，牡丹并不只是媚世的粉黛。

雍容典雅、富贵吉祥是她的本质；国泰民安、繁荣昌盛是她的气象。花开富贵、国色天香，这就是牡丹。

花开花落二十日
一城之人皆若狂

紫叶小檗

黄花点缀似星辉
小叶玲珑凝紫韵

文\李若月

如果要举办一个“绿化灌木出镜率大赛”，紫叶小檗一定会榜上有名。这种植物实在常见，大到南方北方、校内校外，小到绿化带里、花坛里，处处都可以看到它的身影。

紫叶小檗是日本小檗的一个变种。紫叶小檗的叶片呈紫色，而不是像日本小檗本种那样呈现绿色。或许是因为这一身紫色在大片的绿中格外引人注意，所以紫叶小檗常常被用来装点绿化，是园林设计中的重要树种。

不过，或许正是因为过于常见，所以很少有人会停下来仔细观察它们。紫叶小檗是落叶灌木，春、夏、秋三季都披着小巧的紫色叶片。大约在每年的春夏季节，紫叶小檗都会开出玲珑可爱的小花朵。黄色的小花低垂着，外侧的萼片带着一抹红色，一簇簇掩映在紫色的叶片下，羞怯而不张扬。而当花期过去，紫叶小檗会结出像枸杞一样的小红果，几颗一簇垂挂在枝条上。这小红果虽然看起来诱人，味道却很是苦涩。紫叶小檗的枝条细密而有刺，如果不加注意触碰到，可能会被狠狠扎上一下。

除了好看，小檗属植物中还含有一种名叫“小檗碱”的药用活性物质。我们常常听到的植物“黄连”，里面的药用物质“黄连素”其实就是小檗碱。提到黄连或许就能猜到，小檗碱味苦，这也是小檗属植物果实“中看不中吃”的原因。

紫叶，黄花，红果

香椿

听说是春天的味道

文／赵婷玉

香椿有一种独特的味道，有的人避之不及，有的人却认为这就是春天的味道。今天我们就来聊聊极具争议的“灵魂”野菜——香椿。

香椿，又名毛椿、椿芽、春甜树。香椿是楝科香椿属的一种落叶乔木，每年清明前后长出的紫红色嫩芽鲜嫩脆爽。

为什么香椿吃着特别鲜？科学家对香椿中的氨基酸含量做了检测，发现含量最高的是谷氨酸，而提鲜调味品味精的主要成分就是谷氨酸钠。这也就不难解释为什么那么多人会被香椿的鲜美所吸引，毕竟是天然的调味品。但香椿中含有硝酸盐，摄入过量会对人身体产生不良影响。因此，香椿虽鲜，但食用要适量。

香椿的吃法更是数不胜数，有香椿炒鸡蛋、香椿饭、香椿拌豆腐、香椿鱼等。

如同香菜一般，香椿独特的气味也会令一些人厌恶，难以接受。香椿的特殊味道来自于其中的挥发性物质，这种物质是混合了石竹烯、金合欢烯、丁香烯、樟脑等成分的大杂烩。这些复杂的化合物带着它们杂七杂八的刺激性气味交错在一起，给人独特的体验。一些人对香椿味感到不适，很可能与其所含的樟脑有关。

香椿的叶子是偶数羽状复叶，长大后可达半米长，上面长着十几对背呈粉绿色的小叶。6—7月份，是香椿开花的季节，我们可以看到它下垂的大型圆锥花序，上面长着直径约5毫米的小花，在白色花瓣的簇拥下，中心呈现出一点橘红。

等到深秋时节，我们会看到香椿的果实。香椿的果实很特别，是一种蒴果，果柄反折向上，成熟时整个果实开裂成五瓣，里面带着薄膜状长翅的种子，种子可随风飘得很远很远。

待到第二年，香椿会在清明前发芽，谷雨前后就可采摘顶芽，这种第一次采摘的顶芽称头茬椿芽，不仅肥嫩，而且香味浓郁。如果春天有时间的话，记得去试试“春日限定款”——香椿炒鸡蛋。

清明前发芽
谷雨前后采摘

刺槐 槐

春食槐花正当时

文／彭蓝

槐花可食，不过在吃之前，你是否了解可食槐花究竟是哪个品种呢？

槐和刺槐虽都带“槐”字，但它们却是两种不同的植物，那要如何区分这两种槐呢？最简单的一种辨别方式就是观察其树枝是否有刺。刺槐，顾名思义，树枝有刺；槐，又称国槐，树枝光滑无刺。当然我们也可以从开花时间来判断，春季开花的为刺槐花，食用极佳；而夏季中期开花的是国槐花，药用价值极大。

我们常说的“吃槐花”吃的就是刺槐花。刺槐花莹白素净，如碎玉般，做食材时清爽鲜嫩，可唤醒口舌之味。可以将其采摘后做汤、拌菜、焖饭，亦可做槐花糕、槐花饺子，最常见的是蒸槐花。槐花含有多种维生素，也有大量的蛋白质、糖类、氨基酸，食用槐花对我们的健康有好处。

槐花虽然美味，但在食用时也有一些禁忌。由于槐花比较甜，糖尿病人最好不要多吃。过敏体质的人也应谨慎食用槐花。此外，槐花有很强的清热泻火功效，对于脾胃虚寒、阴虚发热的人群来说，是不适合吃槐花的。

作为刺槐近亲的国槐虽不能食用，但它也绝不只是单纯的“关系户”。国槐花和荚果入药，有清凉收敛、止血降压的作用，国槐花的叶和根皮有清热解毒的作用。

刺槐作食，国槐入药，道虽不同，但它们都在自己的领域闪闪发光。

刺槐作食
国槐入药

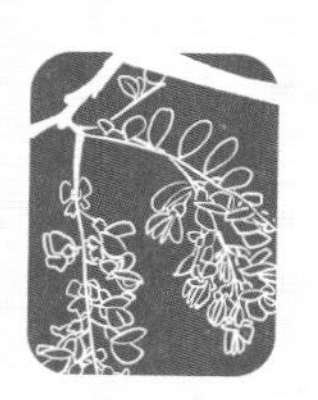

锦带花

一簇柔条缀彩霞

文\梁泽俊

每年4—6月，在学校路旁的绿化带中，锦带花簇簇盛开。它的枝条细长，浓密的绿叶间缀满缤纷花朵，似仙女织出的锦带，因此得名“锦带花”。

锦带花属于忍冬科锦带花属。在园林绿化中，还有一种与它同属且极为相似的植物，那就是朝鲜锦带花（或称海仙花）。要区分两种花其实很容易，最直观的就是从花朵颜色区分。锦带花颜色丰富，有粉红、紫红、玫瑰红等颜色，但不管是什么颜色，一般同一株上的花都是同种颜色。而朝鲜锦带花同一枝头上的花颜色也不同，常常有红色、白色、粉色的花朵同时绽放。

经过百年来的杂交育种，锦带花又分生出了美丽锦带花、花叶锦带花、红王子锦带花等品种。其中，红王子锦带花是很常见的一个品种。顾名思义，红王子锦带花的花朵呈深红色，花色浓艳，很是吸人眼球。

锦带花的花语是前程似锦，寓意美好的未来之路如锦带花一般花团锦簇，充满着花香与诗意，也代表着生生不息的活力，象征着蓬勃向上的力量。

生生不息的活力
蓬勃向上的力量

枇杷

摘尽枇杷一树金
东园载酒西园醉

文/赵冰颖

还记得云天苑餐厅西门两侧灰扑扑的树吗？一边是枇杷树，另一边也是枇杷树。

枇杷，俗名卢桔、卢橘、金丸。关于枇杷的记载，最早出现在西汉司马迁所撰的《史记·司马相如列传》中。司马相如的《上林赋》中有“卢橘夏熟，黄甘橙楱，枇杷橪柿，亭柰厚朴”，这足以表明，在2 000多年前人们就已经开始栽种枇杷了。

说到枇杷，可能会想到《项脊轩志》中“庭有枇杷树，吾妻死之年所手植也，今已亭亭如盖矣”，还会想到“犹抱琵琶半遮面”。“枇杷”与“琵琶”读音相同，字形上也有相似之处，都用“比”和“巴”作声符，他们之间有关系吗？

乐器琵琶，最早见于史载的是汉代刘熙写的《释名·释乐器》：“批把本出于胡中，马上所鼓也。推手前曰批，引手却曰把，象其鼓时，因以为名也。”这说明汉代的琵琶名字是“批把”二字。后因为它由木头所做，改为“枇杷”二字。到了魏晋南北朝时，音乐文化盛行，乐器繁多，古人为了将它与琴、瑟等乐器字形统一，才确定将“枇杷”改为“琵琶”，自此琵琶便作为乐器名字沿用至今。

那枇杷和琵琶有什么关系呢？枇杷的叶子大而长，厚而有茸毛，呈长椭圆形，状如琵琶，而且果实也与琵琶腹部相似，所以它被人们称作“枇杷”。直到乐器拥有了专用名“琵琶”，“枇杷”这两个字才给了这个小果子。

枇杷浑身是宝，叶和果实可以入药，有清热润肺、止咳化痰等功效，蒸制其叶取露，取名“枇杷叶露”，有清热、解暑热、和胃降逆、降血糖等功效。《本草纲目》中记载：“枇杷叶气薄味厚，阳中之阴，治肺胃之病。”枇杷又是极好的蜜源植物，枇杷蜜甘甜上口，为蜜中上品。枇杷核则不建议食用，因为食用后水解会产生氢氰酸。

枇杷除了直接吃，还有一些别致的吃法，比如枇杷叶汤、枇杷冰糖汤、枇杷膏、枇杷粥、枇杷酒等（当然，嫌麻烦的话也可以直接买川贝枇杷膏）。

之前国际上将枇杷的学名统一为“日本山楂”，且被认为原产自日本。但据资料记载，枇杷原产于中国，唐朝期间随日本遣唐使传入日本。为此，华南农业大学果树学教授林顺权用自己的研究纠正了这一说法。

枇杷与琵琶

金银忍冬

红白雪景赠予腹食
金银交错以饰繁华

文\杜瑞娟

在西工大校园中，金银忍冬的数量不多，可能会被忽视，但它春末夏初金银交错的花、秋冬时节缀满枝头的红色小果，又总在不经意间吸引人的目光。

金银忍冬又叫金银木，它的花初开时为白色，后逐渐变为黄色，从中黄白交错，犹如金银散落其间，“金银”二字由此得来。

可能有的同学会说：“这我认识，就是可以泡水喝的金银花嘛！”其实不是的。虽然金银花名字里也有“金银”二字，花朵也极为相似，但我们泡水喝的“金银花”是忍冬属的另一种植物——忍冬（*Lonicera japonica*）。忍冬为蔓生植物，而且它的果实成熟时呈蓝黑色，所以金银忍冬和忍冬还是很容易区分的。

金银忍冬较耐寒，在中国北方绝大多数地区可露地越冬。它的果期为8—10月。初冬时节，红色的充满浆液的果实在冬日的暖阳里闪闪发光，实在是令人赏心悦目。若是赶上一场雪，红彤彤的浆果映衬着皑皑的白雪，则会给银装素裹的世界更添一道亮丽的景色。不过那令人垂涎欲滴的果实，虽是一些食草动物和食果鸟类的美食，却不能被人类作为食物直接食用，因为它们不仅十分苦涩，食用后还可能会影响身体健康。

生如夏花
坚如忍冬

桑

浑身是宝

文／陈芷玥

早在嫘祖缫丝之时，“桑”就成了中华文化中不可分割的一部分。今天，我们从桑叶和桑葚两个角度介绍桑这种植物。

说到桑叶，或许很多人会想起“蚕宝宝”。蚕正是以桑叶为食的。在《说文解字》中，对“桑”这个字的定义就是“蚕所食叶木”。蚕在采食桑叶后会吐丝结茧。桑叶呈卵形或宽卵形，也就是基部（长在柄上的部分）比先端（指向外面的部分）宽，且整体轮廓大致是完整的（比如枫叶就不是卵形，是由一些裂片组成的）。桑叶的基部是圆的或者呈心形，先端是尖尖的。除此之外，桑叶的周围还有一些粗钝的锯齿。桑叶的上表面没有毛，下表面则在叶脉的交汇处簇生着毛。

大家是否记得高中时课文里的“于嗟鸠兮，无食桑葚”？桑葚和桑椹，实际上是同一个东西。《说文解字》对“葚”的解释是：“葚，桑实也。从草，甚声。”而“椹”这个字除了读“shèn”外，还可以读“zhēn”，同砧板的“砧”。桑葚是一种相当可口的果实，除了鲜食外，做桑葚干泡水、熬桑葚膏、酿桑葚酒，也有不错的风味。

桑这种植物浑身是宝。除了上面提到的用途，桑叶、树皮和根均可入药。此外，桑树皮富含纤维，也是造纸的重要天然原料。

尽管桑拥有如此多的功效，但平时我们在路边看到的桑可不能随便采来食用或药用。教学西楼C座旁边和家属院内生长着一些桑树，但是请同学们注意：在寝室养蚕不仅违反寝室管理规定，还可能收获室友的高声惊叫。另外，用来源不确定的桑叶喂蚕也很有可能造成大规模的病害，用来源不确定的桑葚喂自己也同样可能产生不好的后果。

于嗟鸠兮
无食桑葚

合欢

开在幸福之家 吉祥之花

文／赵婷玉

合欢，豆科合欢属。花期6—7月，果期8—10月。合欢花貌美又香气怡人，花丝淡红，下垂如马缨，所以又名马缨花。粉红色的“扇面”，乳白的“扇骨”，纤姿丽影，赏心悦目，细细闻还有水蜜桃的甜香。

合欢的特别之处在于它的叶子会随着光照变化而开合，格外有趣。白天阳光明媚时，它的叶子展开平铺；夜晚或阴雨天气时，它的叶子卷曲收缩。因此，它又被称为夜合合。出现这种现象是因为合欢的叶柄和羽片基部有一种特殊的组织——肉托组织，它可以调节水分和压力的变化从而使叶子运动。

合欢在中国是吉祥之花，人们认为“合欢蠲忿”（合欢能使人消怨合好）。自古以来，人们就有在宅第内园池旁栽种合欢树的习俗，寓意夫妻和睦、阖家欢乐，对邻居心平气和，与之友好相处。

亭亭如盖，花影参差，寓意吉祥的合欢花，朝开暮合的合欢叶，是美满，是祈盼。下次花开，记得去星南路口看看合欢花。

亭亭如盖
花影参差

女贞

万万女贞林
千千石楠树

文＼李耘吉

还记得每年4月份都红极一时的石楠吗？本文要说的女贞的味道可以与石楠相“媲美”。不过，女贞花期过后，树上会结黑色的小果。

女贞，木樨科女贞属，花期5—7月，果期7月至翌年5月。女贞树四季常青，每到冬季，当鸟儿没有其他食物来源、饥饿难忍时，女贞果正好可以让鸟儿得以维持生命。

在古代，女贞极富盛名。李时珍在《本草纲目》有记述：“此木凌冬青翠，有贞守之操，故以贞女状之。”每年5月中下旬，女贞树便顶着渐变炽热的阳光，悄然绽放出一簇簇白色的小花，其花色素洁，观之似有雪花从眼前飘过，使人心里顿时涌上一阵清爽的感觉。它素净、雪白、淡雅的花，和石楠一样颇受赞誉，李白就在《秋浦歌十七首》里写过：“千千石楠树，万万女贞林。”

每当女贞果期来临，走在路上时，这树可能突然“玩心大起”，给你扔几颗黑色的小果子，这时能否躲开就全看你的运气了；当你把车停到树下，这树时不时就会往车上扔那么几颗果子，碰上它心情不好，你的爱车没准儿会被它染一摊黑色。然而，这样恼人的果实其实也是一味中药，谓之“女贞”，在冬日完全成熟后即可采摘。

此木凌冬青翠
有贞守之操

木槿

槿花一日自为荣
松树千年终是朽

文／付雪霞

《诗经·郑风·有女同车》写道：“有女同车，颜如舜华。”

诗中的“舜华”指的就是木槿花。当你在夏秋时节走进校园里的静悟园，就可以看到富有生机活力的木槿花，紫红明艳夺目，粉红娇嫩可人，或大体上是纯白色，只在花心处沁出一点殷红。

在《诗经》开始传唱的年代，木槿就已经和女子有了联系。再往后，这份缘分仍在延续：古时的七夕节，女子们会将木槿的叶与花摘下，在水中浸泡一晚后，用此水将自己的长发梳开、洗净。如今的浙江宁波、舟山等地区仍保持着这样的习俗。某些农村的老人，日常也会使用这样的“天然洗发水”。

夏至到，鹿角解，蝉始鸣，半夏生，木槿荣。夏至是万物繁荣的时节，而木槿也在这时开始它繁荣的花期。从7月一直到11月，木槿花都在不断地盛开。木槿朝开夕落，有别名“朝开暮落花”，《本草纲目》中将其称为“日及”。第二日，木槿仍会绽放出新的花朵，直至漫长的花期结束。木槿的花朵仿若无穷无尽，因此它得到了另一个名字——无穷花。

夏至到，鹿角解，蝉始鸣
半夏生，木槿荣

构

魅力十足

文\闫 彤

构树是一种“魅力十足”的树种。首先吸引人眼球的是构树的果。大约在夏季的中后期，构树会结出橙红色的圆球状果实。成熟的果实娇嫩易破，吃起来甜甜的。构树果实不仅好吃，而且营养丰富，但老一辈的人常说构树果实吃多了会“烂嗓子”。这多半是因为构树果实上长着许多细毛，吃多了的话，细毛会粘在舌头和嗓子上，让人产生不舒服的感觉。但由于构树的果实完全裸露在空气中，在行道、住宅区等位置栽种的构树可能会沾染粉尘甚至农药等污染物，不建议食用。

构树更为奇特的是变化多端的叶。构树的叶形十分奇特，有不同程度的叶裂。从全缘到浅裂再到精致的深裂，都能在一棵树甚至是一根枝条上看到，不知道的话，真有可能对构树见而不识。

一般构树幼苗期叶子裂得多，这可能是构树设置的自我保护机制——缺刻的叶片看上去就像是已经被吃过了，对产卵的昆虫的吸引力比完整的叶片更低，对幼虫的吸引力也更低。等构树长大到足够强壮之后，就倾向于长出光合效率更高的全缘叶。

除此之外，光照、土壤等环境条件也会影响构树叶子的缺刻程度，光照强的地方叶子裂得多，这样可以减少叶片面积，从而减少水分蒸发，抵御干旱和强光。土壤越肥沃，叶子裂得越少，这可能是由于有了丰厚的养分供应，构树就可以专心向上生长了。

橙红娇嫩的果
变化多端的叶

月季花

四时荣谢色常同
不与百花争春艳

文／李耘吉

花开正盛时的月季花（*Rosa chinensis*），总是能成为人们视线的焦点。月季作为中国的十大名花之一，花朵艳丽、花姿优雅，闻起来也清香怡人，被誉为“花中皇后”“花中美人”。

月季花是蔷薇科蔷薇属植物，它的花期很长，一般从每年的4月份开始开花不断，一直到10月份左右才会慢慢地凋谢。

对很多人来说，月季花、蔷薇、玫瑰总是分不清楚。但是外国人就没有中国人的烦恼，反正把三种都叫rose就好了，简直不能更省力。一般来说，玫瑰仅指一种植物，学名 *Rosa rugosa*，茎上分布着密密麻麻的针刺和毛刺，非常好认。蔷薇一般指“野蔷薇（*Rosa multiflora*）”及其变种，花瓣轻薄透亮，有清香，是一种攀援灌木。蔷薇的花茎较小，簇生花（就是一枝上开多朵花），每年夏季开花一次。

月季花最复杂，现在我们所说的月季是蔷薇属中一类四季开花的植物类群。月季的花多为单花顶生（就是一枝上只开一朵），花朵直径大、色彩丰富，四季可开花。月季花的拉丁名为*Rosa chinensis*，通过拉丁名就可以看出，这是中国原产的植物。早在唐代，著名诗人白居易就以“晚开春去后，独秀院中央”的佳句来赞美月季。现如今，我国仍有53个城市将月季作为市花，可谓粉丝无数。

月季花的品种丰富，颜色也很多，有红色、黄色、粉色、紫色等，让人看得眼花缭乱。月季不仅花色鲜艳漂亮，而且花香浓郁持久，另外，它的根、叶、花都可入药。月季花期长，一年四季常开，花色丰富且相对稳定，其以长久的花期、多变的色彩和顽强的生命力而受到广泛喜爱。

晚开春去后
独秀院中央

十大功劳

能配得上『十』这个数字
究竟有多大的功劳

文／姚凯腾

当你看到“十大功劳”这个名字时，你是否会有疑问：“功劳”到底指什么？

实际上，这里的“功劳”主要指的是它的药用价值。

在中医里，“十大功劳”也叫黄天竹、土黄柏、刺黄柏等，它其实是小檗科十大功劳属的几种植物的统称，包括十大功劳、阔叶十大功劳、华南十大功劳等。

“十大功劳”这个名字的由来有这样一种说法：古代一支北方军队南征经过四川、云南一带时，由于水土不服、蚊虫叮咬患上了皮肤病。他们询问当地居民，得知羊角莲能治疗皮肤病，于是大量服用，果然有奇效，当时军队的将领便将羊角莲命名为“功劳木”。后来人们发现它全株都能入药，用途广泛，于是叫法渐渐地演变成了“十大功劳”。

十大功劳家族成员众多，而西工大校园里可以看到的就是“十大功劳”。它还有一个俗名，叫做细叶十大功劳。叶如其名，它的羽状复叶的小叶比较窄细。据观察，在翱翔学生中心、家属院、启翔湖边，或者是某处不起眼的绿化带里，都能看到它们的身影。

与细叶十大功劳名字相对的是阔叶十大功劳，它的小叶为厚革质，呈近圆形、卵形至长圆形，边缘有带硬尖的粗锯齿。

如果观察不够仔细，很容易将另一种植物——枸骨，同阔叶十大功劳弄混。枸骨的叶子有两种形状：一种呈长圆形、卵形及倒卵状长圆形，相貌柔和可亲；另一种则是极具攻击性的四角状长圆形，也带有硬利齿。第二种形状的叶子与阔叶十大功劳的小叶很像，但是它们并不是近亲——枸骨属于冬青科冬青属，阔叶十大功劳则是小檗科十大功劳属，距离还是蛮远的。

从头到脚皆是宝
经冬历夏存仁心

陕西卫矛

等秋天来了挂上 折一只蝴蝶

文\赵子娇

西工大的秋天，除了金黄的银杏、火红的鸡爪槭，校园的角落里还有粉红色的“蝴蝶”在飞舞。这些“蝴蝶”是陕西卫矛的蒴果，天气凉了，它们也变粉了。风来的时候，串串果实随风摇曳，美丽极了。

陕西卫矛是中国特有植物，分布于陕西、甘肃、四川、湖北、贵州等地。之所以叫这个名字，是因为它的原产地是陕西，是陕西本地著名的乡土树种，十分耐寒。它四五月开花，细碎的黄绿色小花并不显眼。而到了八九月的时候，它的果实才开始绽放独特的美丽。秋天初期开始上色，粉红色一点点染上果实的边缘。到了十一月，它从内到外都被渲染上了一层晚霞般的火红色。陕西卫矛的蒴果有四条“翅膀”，由细长的果柄垂挂在枝头。奇特的果形似金线悬挂着蝴蝶，它也因此得了一个别称：“金丝吊蝴蝶”。蒴果经久不落，被风一吹，远观似群蝶飞舞。也有人觉得像挂在树上的元宝，所以又叫它“摇钱树”。

“长街十里卫矛列，秋去冬来万蕾红。”和它没那么出彩的花与叶相比，陕西卫矛的果实才是它的“颜值巅峰”。经历过漫长的生长季，陕西卫矛会在冬天来临之前迎来它的高光时刻。我们每个人的成长又何尝不是如此，不去纠结一时的失败与挫折，守得云开见月明，只要心之所向，保持热爱，终会迎来自己的巅峰。

长街十里卫矛列
秋去冬来万蕾红

全缘叶栾树——妆金黄一妆红

文/李可凡

国庆节前后的校园里，有一种树格外吸引人的眼球。满树粉红色的“花朵”挤挤挨挨，仔细看去，才发现那原来不是花朵，而是一串串小灯笼似的果实。树树粉红，为秋日的校园增添了许多浪漫的气息。

它就是全缘叶栾树，拉丁名为*Koelreuteria bipinnata* var.*integrifoliola*，是复羽叶栾的变种。它们的种加词“*bipinnata*” 意为“二回羽状”，指的就是它们的二回羽状复叶，也是识别这两种树的一个重要特征。什么是二回羽状复叶呢？二回羽状复叶是指总叶柄两侧分出羽状的分枝，每个分枝两侧再长出羽状排列的小叶。“二回”指的就是总叶柄的分支上再次分支，从而形成一回套一回的结构。观察它的叶子，一枝总叶柄上的所有小叶子集合起来，才是植物学意义上的一片“叶”，而每一片单独的小叶子，则被称为“小叶”。全缘叶栾树与复羽叶栾的区别在于，后者的小叶边缘有内弯的小锯齿。

全缘叶栾树的花和果都让人忍不住惊叹它的美丽。它的小花数朵聚集成一串圆锥花序，串串金黄的花朵从绿叶中伸展而出。仔细观察，每一朵小花花冠口的一圈呈红色，它们的花瓣向后反卷，从中吐出花蕊。而它的果实圆圆的、粉粉的，像一个个小灯笼挂在枝头，摸起来的感觉就像宣纸一样。因为果子的颜色太鲜艳了，所以经常有人误认为那是它的花。

全缘叶栾树的果实是蒴果，分为三瓣，每瓣有种子1～2粒。这些“小灯笼”成熟时将会从中间裂开，裂开后，果皮外壳可以起到滑翔伞的作用，让种子能随风传播到离母树更远的地方。全缘叶栾树不仅姿态优美，具有非常高的观赏价值，而且耐寒耐旱、生长迅速，是我国北方常见的一种园林绿化树种。

深秋时节，当你漫步在挂满“灯笼”的栾树下时，或许你可以从地上捡起一个它的果实拿在手里细细把玩，感受工大的浓浓秋意。

满树粉红的小灯笼

枣

那你见过枣花吗 见过枣

文／闫彤

苏轼有诗云：“簌簌衣巾落枣花。”读到这句时，不禁在脑海里想象，这枣花是个什么花？

为什么大家对枣花没什么印象呢？大概是因为枣花不仅花小，而且呈黄绿色，腋生的花序贴在枝条上很不起眼。如果没有闻到甜蜜的花香，没有看到地上的落花，枣花很可能就这样无声无息地谢幕了。

但是如果注意到了，就会被它的独特所吸引。枣花很像一颗颗五角星。五角星的五个角是枣花的卵状三角形萼片，它的花瓣则与萼片互生，呈勺形。雄蕊的花丝和花药刚开始被花瓣包围，随花朵开放而逐渐伸出呈直立状。枣花的中间是一个大而突出的圆，这是由蜜腺细胞组成的金黄色蜜盘，蜜盘中心是浅绿色的雌蕊。授粉后雌蕊基部的子房逐渐发育长大，最后长成枣的果实。

枣花虽小，却能分泌大量的花蜜，枣花蜜还是我国四大名蜜之一。枣花的蜜盘产生的蜜露多而黏，花粉粒多而大，对蜜蜂们来说是大餐。养蜂人把蜂箱带到枣树林附近后，用烟一熏，蜜蜂们就飞出来采蜜了。有些蜜蜂被枣花的芳香吸引而忘乎所以，甚至会因过度采集而劳累“殉职”，实在令人唏嘘。

簌簌衣巾落枣花

山楂

即便你没见过山楂树
也一定品尝过它的果

文/闫彤

“我的糖葫芦糖蘸得均匀，越薄越见功夫，吃一口让人叫好，蘸出的糖葫芦不怕冷不怕热不怕潮，这叫万年牢。”猜猜本文说的是什么？

山楂：嘿嘿，正是在下。

山楂可谓是食品界的扛把子：冰糖葫芦、糖雪球、山楂糕、山楂片、山楂条……一提到山楂，就似乎感觉到其酸甜刺激着味蕾。山楂还有健胃、消积化滞的功效，是常用的中药材。

除了食用和药用价值外，山楂还具有一定观赏性。单拎出果实来看，一个个深红圆润，带着灰白的小斑点，看起来有种乖巧的感觉。若是到秋天山楂树结果，则是四五红果成簇，结果累累，经久不凋，颇为美观。

没结出红果的时候，山楂也属于较易识别的植物。作为蔷薇科落叶乔木，跟其他蔷薇科的春花相比，识别山楂则需要关注它的叶子——3～5对羽状深裂片，边缘有不规则重锯齿。这在同科植物中是比较有特点的。山楂的花是蔷薇科典型的五瓣，每瓣呈白色，近圆形或倒卵形，常常数十朵花凑成一簇，清新亮洁。不过花的味道就不清新了，相信每一个经历过山楂花“暴击”的人都不会忘记这种气味。

静悟园内就有几株山楂，4月时花开正盛，走过路过不要错过哦！

健脾、消积、化滞

野柿

柿

枫叶飘红柿叶黄
桂花已是上番香

文\李可凡

在中国广大的乡土之中，柿树具有无可取代的地位。汉晋时代，柿还只是作为一种奇珍异果生活在野外，是向帝王或者达官显贵上贡的珍品，只有极少数栽种于庭院之中。而随着脱涩技术在南北朝的出现，柿开始作为果树被栽培。从南到北，从西到东，在中国这片土地上，柿树最终长在了家家户户的房前屋后、院里院外，同时，也长在每个中国人的心底。

西工大校园中有两种柿属植物：柿与野柿。柿生得高大，通常能长到三四层楼高。但是在校园里因为栽种年限较短，它们大都只有六七米的高度。柿的叶子近纸质，秋天时会变成鲜艳的红色。野柿的叶子与柿相近，不过相比于柿，野柿的果更小一些，平均2～5厘米，而且野柿的果有毒，不能食用。

从古至今，香甜可口的柿子广受人们喜爱，人们也花费了大量精力培育出了形形色色的柿子品种。根据各地资源调查的不完全统计，中国现有的柿子品种已有近千种。陕西有名的柿子品种很多，既有个大皮厚，适合用来做成柿饼的富平尖柿，也有香甜如蜜、色红耀眼，可以吸着吃的“火晶柿子”。

红彤彤的柿子也承载了一代代的“工大记忆”。友谊校区诚字楼的东侧、北侧、西侧长满了柿子树，每年秋天，饱满圆润的柿子挂满枝头，惹人垂涎欲滴。学校一年一度的“柿子采摘节”便成了吃货们的节日，大家一起摘柿子、品柿子，柿子节上一片欢声笑语，可谓热火朝天。

方岳在《三禽言》中写道：“阿翁饱去摩挲腹，柿叶浓阴对黄犊，快活一生甘碌碌。”这正是柿与中国人不解之缘的真实写照。

阿翁饱去摩挲腹
柿叶浓阴对黄犊

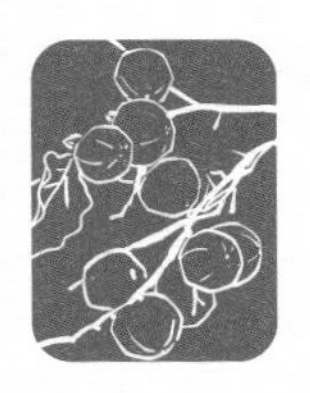

鸡爪槭

最难忘秋天的那一抹深红

文／李若月

如果只能选择一种颜色代表秋天，我会选择艳丽更甚于二月花的红；如果只能选择一种植物代表秋天的红，那我会选择一种校园里常见的树木——鸡爪槭。

或许你没有听说过“鸡爪槭”这个名字，但你一定听过“枫树”。是的，鸡爪槭可以算是我们常说的“枫树”中的一种，是深秋的校园里最浓郁的色彩之一。

鸡爪槭是无患子科槭树属的植物，之所以叫这个名字，是因为它的叶子呈掌状分裂，形似鸡爪。和许多槭树属植物一样，鸡爪槭在秋天会呈现出艳丽的红色。或许是因为秀丽的叶形，或许是因为鲜艳的颜色，鸡爪槭一直是中式园林和日式庭院中必备的植物之一。草木深深，几点苔痕，若是缺了鸡爪槭的几片红叶，总觉得少了一点幽雅疏落的韵致。

鸡爪槭有许多变种和栽培品种，校园中就可以见到较为常见的两种——红枫和羽毛槭。鸡爪槭本种的叶片春夏都是鲜嫩的绿色，秋天才会变红，而红枫的叶片从出生起就是鲜艳的红色，很是醒目。如果说红枫美在叶色，那羽毛槭则独特在叶形。羽毛槭的叶子裂片又细又长，让人不禁想到鸟儿细密的绒羽。

其实，除了叶片，鸡爪槭的花和果也都极小巧精致。鸡爪槭的花只有红豆大小，几粒聚成一柄伞房花序。它的翅果更是可爱，初生时是嫩嫩的紫红色，两只小小的翅膀张开着，仿佛要随风飞向远方。

庭院深深几许秋，不知鸡爪槭那一树深红能锁住几分秋意，能留得几缕秋魂。

庭院深深几许
锁住几分秋意
留得几缕秋魂

红花槭

无边落木下绚丽的生命

文\林起晟

时值深秋，校园里的树木都被镀上一层秋色，何尊旁的红花槭也染上红妆，恰似最热烈的晚霞，引来无数行人驻足打卡。

红花槭是我们常说的“枫树”中的一种。“枫树”或“红枫”是人们对许多种秋天叶片会变红的树的统称，这些树大多是无患子科槭树属的成员。红花槭也属于槭树属，它会在春季开出红色的小花，结出红色的翅果。花谢之后，红花槭会长出手掌一样的叶片。叶片发芽时呈浅红色，随着生长逐渐变绿，而到了秋季，叶片又会变成火一般的红色。

当盛夏过去，秋风渐凉，在温度逐渐降低的情况下，叶片中呈现绿色的叶绿素被破坏，花青素和胡萝卜素逐渐占据上风。不能及时运输的糖分也转化为花青素，而酸性的细胞液则使花青素呈现出红色。这一抹红色起到遮光剂的作用，使叶片能在树上停留更长时间。越是昼夜温差大、气温低的地方，红花槭的叶子就越红，像是在宣告对冬日的反叛，也是在注定凋零面前对生命的赞歌。

“生，如夏花之绚烂；死，如秋叶之静美”，这便是红花槭的美学。

生，如夏花之绚烂
死，如秋叶之静美

七叶树

掌叶托白塔
绿树入阴浓

文\林起晟

十月，西工大校园里的七叶树开始换上秋装。它们的叶子从翠绿转为明亮的橘黄，再到鲜艳的深红色，装点校园的深秋。

七叶树开出的花呈白色宝塔状，小花序常由5～10朵花组成，因其每片掌状复叶上有5～7片小叶，通常以七片小叶居多，故名七叶树。

在北方，七叶树又被称为娑罗树。可能有人会想到原产于印度的娑罗树。传说释迦牟尼在两棵娑罗树上侧卧，头向北，面向西，头枕右手，涅槃升天。这个传说中提到的娑罗树是原产于印度、分布于东南亚一带的树种，属于龙脑香科娑罗双属；而七叶树属于无患子科七叶树属，原产于我国，仅秦岭地区有野生种群分布。大概是中国本土并无佛经中的娑罗树，佛教徒就将七叶树称为“娑罗树”。

相传天师张道陵手植七叶树，果实状如板栗（学名栗，拉丁名*Castanea mollissima*），因此七叶树亦被称为“天师栗”。七叶树种子常被当成板栗误食，但其实和板栗没有半点关系。七叶树的种子与板栗外观相似，但结构完全不同：板栗带刺的外壳叫作总苞，每一个板栗都是独立的小果子，而七叶树的壳则是果皮，里面是种子，种子含有皂角苷，可以破坏红细胞，诱发溶血，不能直接食用。皂角苷不耐高温，高温蒸煮后可以食用，据说味如板栗。不过无论如何，大家还是要记住，尽量不要随意采食学校里的果实，自己的健康才是最重要的。

七叶娑罗明示偈
两行松柏永为陪

银杏

金玉其内

文／杜瑞娟

有一个谐音梗：“这种树通人性，所以在东北也叫作银杏树……”

银杏是一种很常见的行道树，西工大校园里也有不少银杏树。到了秋季，银杏叶漫天飘落，映入眼帘的是一片金黄，这是不论谁见了都会为之赞叹的街头美景。然而在眼睛享受的同时，鼻子却在默默承受着痛苦，银杏果实在太臭了，感到痛苦的还有在满是银杏果的道路上无处安放的双脚……

银杏果也叫白果。虽名为“果”，但实际上它不是果实，而是种子（银杏是裸子植物，不会产生果实，果实是被子植物特有的器官）。白果的外种皮中含有多种脂肪酸，成熟时就会分解出有臭味的有机酸，这就是那种难以描述的味道的来源。银杏果不单臭，而且还有毒。如果要食用，必须去掉银杏果仁外面的种皮和里面的芽芯，再彻底煮熟。虽然又臭又毒，但只要制作方法正确，银杏果也可以摇身一变成为美味的食物、救人的中药，这也是每到银杏落果时有很多人捡拾的原因。但银杏含有毒性物质，不宜多食。

银杏生长缓慢，寿命极长。银杏有一个别称叫作“公孙树”。这个别称始见于周文华的《汝南圃史》，书中称“公种而孙得食”，意为爷爷年轻时种下银杏树，到他孙子那一代才能吃到银杏种子，可见其生长之缓慢。长安校区附近的古观音禅寺有一棵千年银杏，据传为唐太宗李世民亲手栽种，每年秋天落叶时节遍地金黄，极为壮观。

尽日苔阶闲不扫
满园银杏落秋风

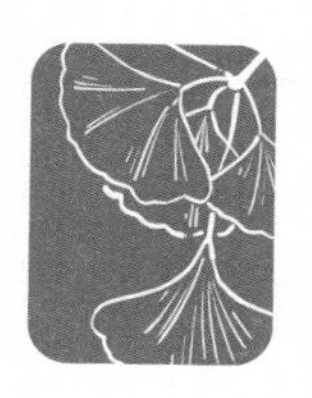

火棘

花白如荼
果红如火

文／卢钰如

校园里有这样一种美丽的灌木，初夏白花繁密，入秋红果累累，也是冬日校园里一抹亮丽的红。

这就是火棘，蔷薇科火棘属常绿灌木或小乔木。火棘美艳动人，生命力旺盛，夏有繁花，秋有红果。

火棘四季常青，叶片翠绿，叶小如珠，树形优美。它初夏开花，花朵稠密，为复伞房花序。朵朵小花近看形似白梅，远看如堆堆白雪，呈现一派洁白雅丽的景象，犹如白云出岫。

火棘那挂满枝头的小花虽在夏日的众多花朵中略显平淡，但经过短暂的盛放，它开始默默孕育另一种别具一格的美。花开过后，秋冬时节，火棘便结出密密匝匝的果，繁果从9月开始成熟，变成红色，挂果持续到次年2月，缀满枝头，累累垂垂。串串红果若珍珠玛瑙般放出光辉，红彤彤似火一般燃烧，构成别样的视觉盛宴。即便是大雪漫天飞舞，也掩盖不了火棘旺盛的生命力。

“夏日白花密，秋来万籽红。穷乡僻壤生，曾是救军粮”。火棘全身是宝，它的叶能治病，根可入药，果能充饥，也可做药，还能做成盆景和绿篱。火棘果在历史上屡屡被用作救军粮和饥荒粮。在旧社会，每逢灾荒年，火棘产区的民众都采摘火棘果充饥，在正常年份，也于秋后采收火棘果，晒干后磨成粉以备来年青黄不接时食用。因此，火棘也有了“救命粮”“红军粮”“火把果”等别名。

火棘果气味清香，前期酸甜微涩，但霜降过后，白头霜一下，酸涩味全无，食之甘甜。不过，校园内的火棘果可能会附着灰尘或杀虫剂等，所以不要轻易采摘哦！

夏日白花密
秋来万籽红

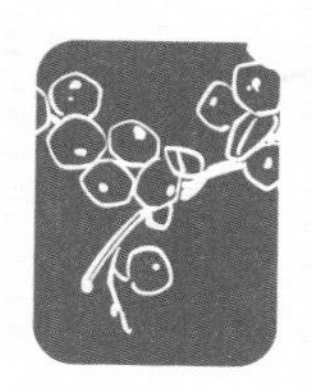

南天竹

非也 非竹
敢问阁下师承何竹

文／李可凡

“清品梅为侣，芳名竹并称。浑疑红豆种闲庭。深爱贯珠累累、总娉婷。不畏严霜压，何愁冻云凌。渥丹依旧叶青青。好共岁寒三友、插瓷瓶。”

这首词是清代的蒋英所写，描绘的是南天竹这种植物不畏严寒、果实繁盛的特点。

当听到南天竹（*Nandina domestica*）这个名字时，你在脑海里浮现出的第一幅画面是什么？是直冲云霄的竹子，还是与它谐音的天竺？南天竹实际上是一种低矮的常绿灌木，属于小檗科南天竹属，与禾本科的竹子亲缘关系甚远。

不过，在文人墨客眼中，南天竹确实有着与竹子相似的气节。它的红果经霜而不凋，正如开头那首词所说——“不畏严寒压”，南天竹也因此受到文人墨客的青睐。

南天竹的叶是三回羽状复叶，片片小叶就像一个个小箭头，整齐地排在枝条上。秋天是南天竹的叶子变色的时节，那一片片绿中夹杂着些许红的叶子，实在是美不胜收。南天竹非常耐冷，甚至能够抵御零下的低温，冬天的时候它的叶子会全部由绿转红，鲜艳夺目，所以它常常作为观赏植物被人们栽种在园林中。

南天竹另一引人注目的是它那通红的小果子，古人把它比作红豆，可它绝对不是真正的红豆。南天竹的果子对于鸟类来说十分美味，因此它主要靠鸟类来传播种子。它的果子对我们而言是有毒的，所以千万要忍住你看到那饱满的果子后想去伸手摘下它的冲动。

浑疑红豆种闲庭
深爱贯珠累累
总娉婷

二球悬铃木

你知道法国梧桐是几球吗

文\李思豫 贾仕宏

深秋时节，漫步在友谊校区的三航路上，两侧高耸的二球悬铃木树干挺拔向上，全身被璀璨的金黄色叶片所覆盖，宛如一条延伸向远方的金色长廊，引人入胜。

悬铃木，细读其名是不是觉得它的名字还挺有诗意的。可是它名字里的铃是什么？难道是有人往树上挂铃铛吗？当然不是，铃指的是它的圆球形果序。不同种的悬铃木，每簇悬挂的“铃铛”个数也不同。一球悬铃木通常1个球，二球悬铃木通常1～3球，其中2球最多，三球悬铃木通常3～5个球。

悬铃木属家族共有三名成员，分别是别名“美桐”的一球悬铃木、别名“法桐”的三球悬铃木，以及二者杂交而来的“英桐”——二球悬铃木。这时令人迷惑的点出现了：我们常说的“法国梧桐”指的并不是“法桐”，而是“英桐”二球悬铃木。二球悬铃木最早从法国引入中国并栽培于上海法租界，因此被叫作“法国梧桐”。但由于一个鉴定乌龙，人们把二球悬铃木和三球悬铃木搞混了，于是把“法桐”的名字给了三球悬铃木，才产生了“法国梧桐指英桐而不是法桐”的混乱。

二球悬铃木树形雄伟端庄，叶大荫浓，干皮光滑，适应性强，是世界著名的行道树和庭园树，被誉为“行道树之王”。但同时二球悬铃木也有缺点，那就是它的果实炸裂后形成飞絮，对环境有一定污染作用。

在今日的友谊校区校园内，一株株二球悬铃木郁郁葱葱，它们不仅是校园里一道亮丽的风景线，更是每位西工大人心中不可磨灭的情感烙印。但谁知，这些树是60多年前随着华东航空学院，跨越千山万水，从南京向西迁往西安的。如今，他们已深深地扎根于祖国西部这片热土，正如西北工业大学在此默默耕耘，献身国防，为国防科技事业发展和国民经济建设默默奉献。

扎根热土
默默耕耘

参考文献

[1] 中国科学院中国植物志编辑委员会.中国植物志[M].北京:科学出版社, 1991.

[2] 国家药典委员会.中华人民共和国药典[M].北京:中国医药科技出版社,2020.

[3] 许慎.说文解字[M].北京：中华书局，1963.

[4] 谭婷,朱斌,杨倩,等.紫叶小檗果小檗碱的提取及抑菌活性研究[J].食品工业科技,2020,41(22):199-203.

[5] 史子鉴,杜浩瀚,房宇欣,等.构树的异形叶性及对环境的生态适应[J].西南师范大学学报(自然科学版),2021,46(4):61-65.

[6] 游松,姚新生,陈英杰.银杏的化学及药理研究进展[J].沈阳药学院学报,1988,(2):142-148.

[7] 西北工业大学，中国教育报刊社.漫游中国大学丛书：西北工业大学[M].重庆：重庆大学出版社，2007.